「よお！ さかた さけだ」

――酒五訓とこぼれ話――

酒田 十四代
SAKATA Toshiyo

文芸社

プロローグ

酒は、人に多くのことを教えてくれる。人は、酒から幾多もの貴重な教訓を得る。そんな酒の教えを五つにして、「酒五訓《さけごくん》」と名付けてみた。

「酒五訓」

一．人を健康／不健康にするは、酒なり
二．人の感情を増幅させるは、酒なり
三．人の縁を創るは、酒なり
四．人を育み、生きる力を与えるは、酒なり
五．人の愚かさを知らしめるは、酒なり

本書の第Ⅰ章で、この「酒五訓」について詳しく述べてみたい。
また、私が考える日本酒業界の二大革命、その後の新しい潮流、清酒製造免許・新規取得の高くて厚い壁などについては、別の章を設けて「こぼれ話」として取りまとめてみた。

特に、清酒製造免許・新規取得の壁の高さ・厚さが、今日の日本酒業界にもたらしている閉塞感は、相当に根深いものがある。

業界を活性化し、日本酒造りに情熱を傾ける各地の蔵人の皆さんの情熱が報われるように、日本国内での清酒製造免許・新規取得への途が開かれることを切に願ってやまない（第Ⅱ章三、参照）。

「こぼれ話」で、日本酒（地酒）に関係する動向や問題点への関心が共有され、少しでも日本酒業界の発展に寄与するところがあれば望外の幸せである。

ところで、戦国時代、豊臣秀吉の知恵袋と言われた黒田官兵衛（黒田如水）。氏が認《したた》めたとされる教えに「水五訓《みずごくん》」がある（出所不詳との説もあり）。

「水五訓」は、「水」を通して人間としての生き方を教えてくれる。主体性と柔軟性。率先垂範。「水」を「人」に置き換えてもおもしろい。

「**水五訓**」

一．自ら活動して、他を働かすは水也

二．常に己の進路を求めて、止まざるは水也

三．障碍《しょうがい》に遭ひ、激してその勢力を百倍するは水也
四．自ら潔ふして　他の汚濁《おだく》を洗い、然も清濁併せ容るるは水也
五．洋々として大海を充し、発しては雨となり、雲と変じ、凍っては玲瓏《れいろう》たる氷雪と化す、而もその性を失わざるは水也

「酒五訓」は、「水五訓」に倣《なら》った。格調高い「水五訓」には、とても及ばない。しかし、どうしても酒の教えを簡素な言葉で表現してみたくなった。私自身、酒から多くを学び、酒に多くを救われた。水の教え、酒の教えを体内に浸透させることで何かが生まれる。何かが変わる。何かが動き出す。
ようやくコロナ感染も収束し、街中にかつての賑わいが戻った。枯渇した喉から水や酒を流し込むように、水の教え「水五訓」、酒の教え「酒五訓」を呑み込もう。

「ごっくん」

（２０２４年９月２日　fabbit 神戸三宮にて）

目次

「よお！　さかた　さけだ」

―酒五訓とこぼれ話―

第Ⅰ章　酒五訓

1、人を健康／不健康にするは、酒なり―からだの健康／こころの健康

酒と健康との関係については、「からだの健康問題」と、「こころの健康問題」がある。からだの健康関係については、まだわかりやすい。「呑みすぎは、からだの健康によくない」という一般論に反対する医者はあまりいない。しかし、「適量の飲酒（日本酒1合までを適量とする見解もある）が、本当にからだの健康によいのか」については賛否が分かれる。「酒は百薬の長」と言われる。例えば、「適量の飲酒が善玉コレステロールを増加させ、血管にたまった余分なコレステロールを肝臓に運び、分解・代謝し、動脈硬化による心臓病（狭心症・心筋梗塞など）の予防によい効果をもたらす」というのが疫学的定説とされてきた。「全死亡率（縦軸）と1日平均飲酒量（横軸）をグラフ化した場合、お酒を全く呑まない人や大量に呑む人よりも、適量のお酒を適正に呑んでいる人の方が、健康リスク（主に高血圧、冠静脈疾患、心筋梗塞、脳卒中、心不全、心房細動などの心血管疾患リスク）が低くなる」とも

言われる（**Jカーブ効果**）。

しかし他方、「たとえ少量の飲酒であっても、からだの健康にはプラスにならない」とする見解もまた、少なくない。さらに、呑みすぎると「酒は百毒の長」とも言われる。

こころの健康についてはどうか。

「適量の飲酒は、こころの健康によい」「よい気分転換・ストレス解消になり、精神衛生上もよい効果が期待できる」という指摘は、一般的に多い。「呑みすぎが健康によくない」というのは、単にからだの問題だけではない。但し、呑みすぎがこころの問題に至る場合は、からだの健康問題と併存することが多いため、より深刻な問題を惹き起こす可能性が高い。

厄介なことに、「こころの健康」と「からだの健康」とは、密接に絡み合っている。

「こころの渇《かわ》き」が求めている酒量と「からだの渇き」が求めているそれとが異なることがある。からだの健康に適量の酒が、こころの渇きを満たしてくれない場合がある。からだは充分に酔っているのに、こころの方はまだまだ素面《しらふ》の状態。こころの渇きを満たそうとすると、追加の飲酒が必要になる。もしこれが満たされないと、こころの健康が保てなくなる。こころの健康を優先して、からだの健康に片目をつぶるか。からだの健康を最優先して飲酒をストップするか……。

50歳を過ぎ、会社・組織の中でそれなりに重い責任を感じていた頃、こころの渇きの求める酒量が増えていた。からだの健康を考えれば、酒量を減らすのが望ましい。しかし、それではこころの渇きは収まらず、こころの健康状態を維持できない。蓄積されたストレスを和らげて興奮状態を鎮め、こころの安定を回復するため、こころの健康が求める適量の酒、「百薬の長」が不可欠だった。酒との対話で、こころの健康の方は随分と救われた。

2回の泥酔事件以降、「酒に失礼な」自棄酒《やけざけ》を呷《あお》ることもなくなった。

作家の山口瞳さんも、『酒呑みの自己弁護』（ちくま文庫）の中で、次のように語っている。

「酒をやめたら、もしかしたら健康になるかもしれない。長生きするかもしれない。しかし、それは、もうひとつの健康を損ってしまうのだと思わないわけにはいかない。」

私は、すっかり意を強くした。

ところで、「**酒《さけ》に十《とお》の徳《とく》あり**」という故事がある（『故事ことわざ辞典』）。

「酒の十徳」は、以下の通り。一・二・四・……は、からだの健康、六・八・十・……は、こころの健康とのかかわりが強いかも知れない。

一．百薬の長
二．延命長寿をもたらす
三．旅行の食となる
四．寒さをしのげる
五．祝い事や見舞いのお土産とするのに便利
六．憂いを忘れさせる
七．位なくして貴人と交われる
八．労を助ける
九．万人と和合する
十．独居の友となる

江戸時代に「餅酒論《もちさけろん》」という知的な遊びがあった。餅と酒のどちらがすばらしいか、また、相手にはどのような欠陥があるかなどの議論を闘わす。

一方には、餅が好きで酒が嫌いだという餅党が座る。もう一方には、餅なんてとんでもない、

酒だという酒党が座る。餅党は、酒の悪いところと餅のよいところを論じる。酒党は、全くその逆を論じる。これが「餅酒論」。酒も餅もほどほどがよいだろうとの結論で、ようやく議論に決着がつく。

「餅酒論」の起源は古く、室町時代の狂言「餅酒」から受け継がれてきたものとされる。「酒の十徳」は、酒組が酒の十の効用《くく》を称賛して、まとめあげた「餅酒論」の結論である。『故事ことわざ辞典』とは、順序や括り方に若干の違いはあるが、内容に大差はない。当時は、酒の十徳を作って酒を敬っていた。しかし他方で、古文書の中には、酒のことを「狂水《くるいみず》」、「地獄《じごく》湯《とう》」、「狂薬《きょうやく》」、「万病源《まんびょうのもと》」と呼び、その酒害を説くものもある。

酒は、ほどよく呑めば十の徳を持ち、百薬の長となる。しかし、呑み方を誤れば、狂水とも万病の源ともなり得る。酒の力を借りて威張り散らしたり、日頃のストレスを発散したりするような呑み方は、本来の酒の呑み方ではない。酒を敬い、酒の心を知って、自分の心をそれに照らし合わせながら、酒を身体の中に入れてやる。それが酒呑みに必要な心である。

「酒は心で始まり、心で終わるものである」（小泉武夫：『酒の話』講談社現代新書）

江戸時代のベストセラー、健康長寿の心得『養生訓《ようじょうくん》』（貝原益軒《かいばらえきけん》）に、次の記述がある（中公文庫・中央公論新社）。

「酒は少し呑めば陽気を補助し、血気を和らげ、食気をめぐらし、愁をとり去り、興をおこして役にたつ。しかし、たくさん飲むと酒ほど人を害するものはほかにない。ちょうど水や火が人を助けると同時に、またよく人に災いするようなものである」

かつて、次のような菊正宗のＣＭがあった。

「旨いものを見ると、キクマサが欲しくなる。辛口のキクマサを呑むと、旨いものが食べたくなる」

パブロフの犬のように、菊正宗のＣＭ動画を見ると、条件反射的に唾液の分泌を促進し、酒が呑みたくなる。禁酒できなくなる。「アルコール依存症を助長させる」というクレームがつき、放送自粛に追い込まれた。それだけＣＭの効果があったということかも知れない。

一部（就寝前の飲酒）に異論もあるが、「菊正宗酒造」のホームページに、「日本酒の楽しみ方―上手なお酒の飲み方」がある。

「適量のお酒は血液のめぐりをよくし、ストレス、筋肉疲労を取り去り、消化器官の働きを活発にします。また就寝前に飲むお酒はゆったりとした深い眠りに導き、体調を整え、老化防止にも役立つと言われています。適量のお酒を好みの肴と共にゆっくり楽しみながら飲み、決して飲み過ぎないことが、お酒を『百薬の長』にすることになります」

具体的には、

（1）空きっ腹では飲まない

空きっ腹ではアルコールの吸収がよく、酔いが早くなります。その点脂肪を含む食品はアルコールの吸収を遅らせますから、宴会などの前には牛乳やチーズを少し食べておくと急に酔ってしまうこともないでしょう。

（2）料理を食べながら飲む

肝臓を守るためにも、肴に気を配り、低脂肪で高蛋白の魚・豆腐・レバー・肉などを食べながら飲むことが大切です。更にビタミンB群を多く含んだ※食品を摂ることも肝臓には大切なことです。

※ビタミンB群を多く含んだ食品　レバー・豚肉・卵・魚介類（うなぎ・小魚・魚卵）・大豆製品（納豆・豆腐）・ほうれん草・海藻

（3）自分のペースで陽気に飲む

宴席で色々な人から勧められるままに全ての杯を空けてしまうのは考えもの。あくまで自分のペースで、体調を考えて陽気に味わいながら飲みたいものです。

（4）チャンポン・はしごに注意する

ビール・日本酒・ウイスキーと種類を交えてチャンポンをしたり、次々店を変えて飲み歩くと、飲んだ量がわからなくなり、飲み過ぎてしまうことになります。

ところで、後述する「灘の酒大学」で、栄養学の時間に「日本酒と健康」の講義があった。その中で、一番健康に役立ち、今でも宴席で実践していることがある。

それは、「和《やわ》らぎ水《みず》」。洋酒にも「チェイサー」（追い水）があるのと同じ。合いの手として水を差し、ひと呼吸置くことで、深酔い・悪酔い・二日酔いを防ぐことができる。お酒のアルコール度数が下がり、酔いの速度が緩やかになる。ゆっくり、ゆったりと呑む。くつろぎの呼び水で穏やかに酔う。また、食事の合間に水を呑むことで口の中がリフレッシュされ、次の1杯や料理の味を鮮明にして美味しく味わうことができる。

和らぎ水は、体温に近い白湯《さゆ》がよいとされる。体温に近いので吸収が早い。年齢が高くなると、特に和らぎ水の大切さがわかる。

和らぎ水は、別名「弱虫水」とも言われる（らしい）。しかし、今さら強がって呑んでも仕方がない。気持ちよく、長く、穏やかに酔って、翌日は爽やかに寝覚める。そのためにも和らぎ水は欠かせない。

舌で味を、鼻で香りを、頭で酔いを楽しみ、酒量をコントロールしながら、健康な人生を過ごしたいものである。

他に、よく言われているのは、
・休肝日をつくる
・強い酒は割って呑む
・薬と一緒に呑まない

少しでよいから、旨い酒を、ずっと生涯、呑み続けたい。健康の邪魔をしない程度（適量）の旨い酒を、死ぬまで呑み続けていたい。酒呑みの切なる願いである。

ある居酒屋の手洗場で見かけた。

「今日も元気だ　酒が旨い！」

2、人の感情を増幅させるは、酒なり――喜・怒・哀・楽が加速する

酒には、人の感情を増幅させる働きがある。喜びや楽しさのように、「正」の気持ちを高め

てくれることがある。が、怒りや哀しみのように、「負」の思いを激化させてしまうことも少なくない。

（1）喜びの酒

①結婚披露宴にて

過去30年の間に日本酒（地酒）の味と香りは飛躍的に改善された。隔世の感がある。現在30歳以下の若い世代の人たちには、あまり日本酒が美味しくなかった時代を知らない人も少なくない。それはそれで幸せなことかも知れないが、日本酒の「進化」の過程を知り得なかったのは、少し残念な気もする。日本酒（地酒）の世界は、どうしようもなく広くて深い。一度足を踏み入れてしまうと、「底」も「端」も全く見えない。極めようとしても手がない。しかし、それがとめどない喜びにも変わる。

当時、20代後半の壷坂さんは、私が勤務していた会社と取引のあった派遣会社の営業担当だった。派遣人材の採用案件が発生すれば、募集背景、採用時期、必要なスキル・経験・能力などについて打ち合わせ、該当する候補があれば、「顔合わせ」（派遣社員の「面接」のこと）の機会が設けられた。業務の合間に、世間話や趣味について話をする機会があり、ある日、壷坂さんを食事に誘った。彼は、しっかりと人に寄り添い、人に対する優れた理解力を持っていた。人材の世界は「人が商品」なので、人に対する理解力が不可欠である。しかし、それは決して簡単なことではない。

彼は、人を理解し、同時に酒を理解しようとした。人との出会い、酒との出会いが、ともに「一期一会」であることを理解した。徐々に深淵な日本酒（地酒）の世界に魅せられていった。しかし、一度足を踏み入れると抜け出せない。そんな世界に誘い込んだ罪深い私を、彼は容赦してくれるだろうか。

壷坂さんは、31歳で結婚した。彼の結婚式に招待された。結婚式には、同じ派遣会社の上席・同僚の方々が同席していた。その中で、お祝いのスピーチをするよう指名があった。自己紹介した後、新郎新婦、ご両家の皆さんへのお祝いの言葉を述べるのが筋だろう。私に求められていることを想像しながら、少しは気の利いた話ができるとよいのだが……、という思いがあった。

司会の人から簡潔な紹介があった。「壷坂さんは、あなたを地酒の師匠と呼んでいます……」

えらいことになってきた……。

「私は、壷坂さんが営業で担当されている派遣先企業の人事・採用の担当で、酒田と申します。壷坂さんとの出会いは、……」と話し出した。

出会いと経緯、今日この場に招待された理由だけは、何とか理解されたようだった。

「私は、これまで壷坂さんを誘って、あちこち呑み歩きました。特に理由はありません。あえて言えば、彼が好きだからです……」

まだ、客席は納得していない。変なことを言うヤツだなぁ……という空気が漂っている。

「壷坂さんはまだ若い。しかし彼には人に寄り添い、人を理解する力があります。人のことがよく『わかる』ということです。この『わかる』というのは意外と難しい。『わかる』というのは、人が言った言葉の意味を頭で理解できるだけでは足りません。人の言った言葉の意味を理解したうえで、言葉の奥にあるものを心で感じ取ることができてはじめて、本当に人のことが『わかる』ことになると思います。彼は若いのに、それができる。立派に人のことが『わかる』人だと思います。壷坂さんがどこの会社に勤務しどんな仕事をしていても、これまでの関係が変わることはないでしょう（彼は、派遣会社を一度退職した数年後、また同じ派遣会社に戻った）」

「新郎新婦のお2人に、ひとつお願いがあります。今日からぜひ『幸せ貯金』を始めてください。毎日コツコツと根気よく貯めていってください。幸せ貯金にも、やがて利息が付くでしょう。もし利息が付いたなら、私にもほんの少しだけ分けてください。

新しい門出を迎えられたお2人への『はなむけの言葉』とさせて頂きます。本日は、本当におめでとうございます」

「この人、意外とまともな話ができるんだぁ……」

そんな空気に変わっていた。一時はどうしたものかと案じたが、何とか無事に着地した。

「もっと酔っ払っていたら、もっとよい話ができるんだがなぁ……」

「**酒は詩を釣る針**」とも言われる。酒を呑むと、詩歌、転じて「よいこと」を思いつく。よい気分になって、すっかり調子に乗っていた。おめでたい「喜びの酒」が始まった。

「仕事」が終わると、すぐに脱力する。自分の席に戻ろうとしたら、司会の人から引き留められた。お土産があるという。「奥播磨」（兵庫県：下村酒造）の四合瓶を頂いた。実に有難い。「奥播磨」は、播州地方を代表する銘酒のひとつ。辛口ですっきりとした味わいに定評がある。頂いたのは赤ラベル、純米吟醸芳醇辛口だった。

壷坂さんとは、今も交流が続いている。もう20年近い付き合いになるだろう。彼は、その後2人の子宝にも恵まれた。「幸せ貯金」を続けているようだ。

②ワールド・ベースボール・クラシック（WBC）での侍ジャパン優勝

２０２３年（令和５年）３月22日、午前11時50分（日本時間）、日本中が歓喜に包まれた。第５回ワールド・ベースボール・クラシック（ＷＢＣ）での侍ジャパンの優勝。３大会14年ぶり３回目。当日は、途中経過が気になり、仕事が手につかなかった人も多かったのではないか。中には、急遽「ＷＢＣ休暇」を設けた会社もあったようだ。優勝の瞬間は、多くの人々がテレビ中継にくぎ付けになり、歓喜に沸いた。当日の平均世帯視聴率（関東地区）は、42・4％とも言われる。ＪＲ新橋駅前では、号外まで配布された。

指揮を執った栗山監督は、涙ぐみながら言った。
「野球ってすげえなって。見ている人も野球ってすげえと思ったと思う」

侍ジャパンは、一次ラウンドでは、中国（8対1）、韓国（13対4）、チェコ（10対2）、オーストラリア（7対1）を破り、準々決勝（東京ドーム）では、イタリアを9対3で撃破した。ローンデポ・パーク（アメリカ）での試合では、時差や球場の完全アウェーの状態を心配する向きもあった。しかし、そんな不安を一掃するかのように、準決勝のメキシコ戦をサヨナラ・ゲームでひっくり返して勝利し（6対5）、決勝のアメリカ戦では7人の優れた投手陣の継投で1点差（3対2）を守り、逃げ切った。みごとに優勝の悲願を達成した。7戦全勝に誰も文句はつけられないだろう。

侍ジャパンの選手全員が、優れた個の力を備えていることは全く疑いの余地もない。が、NPB各チームから集結してできた即席のチーム。優れた個の力を結集・発揮できるような圧倒的に優れたチーム力が備わっていないと優勝・世界一は難しい。チーム結成からわずか一カ月程度で、どのようにして最強のチームが形作られていったのか、大いに興味を抱いた。

私は、栗山監督の次のメッセージに、そのヒントがあるような気がしている。

監督はＷＢＣの強化合宿に入るとき、キャプテンの任命について次のように言った。

「選手一人ひとりに、『あなたがジャパン。そのくらいの誇りと引っ張る気持ちでやってください』とメッセージを送ったつもり。全員がキャプテンということ」

あえて特定の選手をキャプテンとして任命しなかった。選手一人ひとり、全員がキャプテンとしてチームをリードしていってほしい。それができる選手を集めたということだろう。


2月に入り、ダルビッシュ選手（パドレス）が大リーガーとして唯ひとり、宮崎での強化合宿から参加した。ボールの握り方・投げ方・考え方・相手野手の情報など、自らの経験・知識・技術を惜しみなく投手陣に伝えた。チームメイトと食事に行くなど、リーダーとしてチームの輪を築き上げた。年齢（36歳）・経験（２００９年ＷＢＣ胴上げ投手）からも、チームの若い選手達に与える影響は絶大だった。

彼は、若い選手が気負い過ぎていることに懸念を抱いたと言う。

「戦争に行くわけではないし、そんなに気負う必要はない」

「先を見るといろいろとおかしくなる。今日をとにかく一生懸命頑張ることの積み重ねだと思う。先を見ないことが一番大切だ」

チームに若い選手が多い中、ダルビッシュ選手の存在そのものが、投手陣を中心にチームの精神的な支柱となっていったのだろう。彼は、巧みな投球術だけではなく、人格まで磨いてきた。彼は成熟して立派な人格者になった。

一次ラウンドを前に、ヌートバー選手（カージナルス）、吉田正尚選手（レッドソックス）、大谷翔平選手（当時エンゼルス）が合流した。ヌートバー選手は、最初の中国戦から積極果敢なプレーでチームを牽引し勢いづけた。明るい人柄・人懐っこさでチームにも溶け込み、一気にファンを増やした。吉田正尚選手は、圧倒的な勝負強さで毎試合の勝利に貢献した。13打点を挙げ、ＷＢＣでの最多打点記録を更新した。大谷翔平選手の活躍は、言うまでもない。投打の二刀流はさらに磨きがかかり、大車輪の活躍。全身でチームを鼓舞してリードする姿、礼儀正しく謙虚な姿勢、人々への思いやり、ユーモラスな態度は、自身のチームのみならず、相手チームの選手、世界中の野球ファン、野球に興味のない人々をも魅了する。

大谷選手は不世出の天才だろう。しかし、天賦の才能の持ち主が究極の努力をすると、ここまでの存在になれるのだということが証明された。彼と同じ時代を生き、彼の活躍する勇姿を「ライブ」で見ることができた私たちは、本当に幸せだと感じる。

ＷＢＣのチームメイトは、日本人の大リーガーから多くの刺激を受けたことだろう。新たな目標を掲げた選手もいるに違いない。佐々木朗希選手（ロッテ）、山本由伸選手（当時オリックス）をはじめ侍ジャパンの投手陣は、既に世界と戦えるレベルだということを知らしめた。近い将来、投手陣を含めた侍ジャパンの選手の中から、新たな大リーガーが誕生する可能性はかなり高い（２０２３年12月、山本由伸選手のドジャース入団が決まった）。

結成されたチームの中で、選手同士の間で情報を交換し、相互に刺激し、リスペクトした。信頼し合いながら、次第に「ひとつのチーム」として強い団結力・絆が形作られていったのだろう。団結力の形成に役立ったと私が感じるものに、試合前の「円陣声出し」がある。試合前に、毎回声を出して仲間を鼓舞する。以下は、印象に残った３名の声出し。

甲斐拓也選手（3月11日、チェコ戦）

「東日本大震災から12年がたった今日、たくさんの人が僕たちの野球を見てくれています。嶋基宏さんがこのような言葉を言っていました。『誰かのために頑張る人は強い』と。今日は全力でプレーする中で、失敗も起こるかもしれませんが、全員でカバーし合って助け合って戦い抜きましょう。今日も勝ちましょう」（日刊スポーツＷＥＢニュース２０２３年3月11日）

ダルビッシュ選手（3月21日、メキシコとの準決勝）
「お疲れさまです！　宮崎から始まって約1カ月、ファンの方々、監督、コーチ、スタッフ、この選手たちで作り上げてきた侍ジャパン、控えめに言ってチームワークも実力も今大会ナンバーワンだと思います」「このチームで出来るのはあと少しで、今日が最後になるのはもったいないので、みんなで全力プレーをしてメキシコ代表を倒して明日につなげましょう。さあいこう」（日刊スポーツＷＥＢニュース２０２３年3月21日）

大谷翔平選手（3月22日、アメリカとの決勝）
「僕からは1個だけ。憧れるのをやめましょう。ファーストにゴールドシュミットがいたりとか、センター見たらマイク・トラウトがいるし、外野にムーキー・ベッツがいたりとか。まあ野球やっていれば誰しもが聞いたことがあるような選手たちがやっぱりいると思うんですけど。今日1日だけは、やっぱ憧れてしまったら超えられないんでね。僕らは今日超えるために、やっぱトップになるために来たので。今日1日だけは彼らへの憧れを捨てて、勝つことだけを考えていきましょう。さあ行こう！」（日刊スポーツＷＥＢニュース２０２３年3月22日）

アメリカのメディアは、大谷選手のメッセージを「史上最も礼儀正しい鼓舞」と評した。

「あこがれ」は、大谷選手自身がかつて抱いていた気持ちではないだろうか。彼は、あこがれの選手に強いリスペクトを抱きながらも、それ以上に「勝利」に執着した。今回のＷＢＣで侍ジャパンの優勝する未来の姿が、大谷選手には見えていたのだろう。そして、チームを強力に牽引し、２０２３年３月22日、それを明確な形にして世界に示した。

栗山監督は、選手の一人ひとりが、選手の全員が、キャプテンであってほしいと期待した。それができる選手ばかりだと考えた。全ての選手に自主性・自律性・役割の自覚を促し、期待した。そして、一人ひとりの選手を最後の最後まで「信頼」して使い続けた。選手を信じて・任せて・感謝する。超人的な忍耐力が求められたことだろう。日本ハム時代の同僚だった白井コーチは、テレビ番組で「栗山監督が、日に日に痩せていった」と言っていた。ＷＢＣチームの30人全員が、栗山監督のことを「信頼」した。監督もまた、全ての選手を最後の最後まで「信頼」し続けた。監督は、一人ひとりの選手に直筆の手紙を手渡した。チームの堅い結束力・絆は、相互の強い信頼関係で形作られていったのだろう。栗山監督は優勝が決まった後、次のように言った。

「今回のＷＢＣでは、どうしても見てみたい景色があった。選手にそれを見せてもらった」

ところで、侍ジャパンが勝ち進んでいく中で、ひとり不振に喘《あえ》ぐ選手がいた。最年少三冠王の村上宗隆選手（ヤクルト）だ。一次ラウンドからずっと調子が上がらず、決勝ラウンドに入ってからもチャンスでの凡退が続いた。特に、見逃しの三振が目につき、栗山監督も準々決勝のイタリア戦から村上選手の打順を5番に下げた。

準決勝のメキシコ戦。7回裏、吉田選手の貴重なスリーランホームランで3対3のタイスコアに持ち込んだが、8回表にメキシコが2点を入れて5対3になった。8回裏、1点を返して5対4になったが、まだ1点ビハインド。9回の裏、大谷選手が二塁打を放った。大谷選手は二塁の塁上から両手を何度も上に挙げ、大声で叫んでチームを鼓舞する。これほどまでチームを強く牽引し、勝利への執着心を露《あらわ》にする大谷選手を見たのは初めてだった。続く吉田選手がフォアボールで歩く。足の速い周東選手が代走で一塁ランナーとなる。ノーアウトで、ランナー一・二塁とサヨナラ・ゲームの大きなチャンス。ところが、次のバッターは村上選手。当日も、それまで3三振と不振が続いていた。

村上選手に送りバントをさせる。村上選手を代えて、別の選手にバントをさせる。村上選手にそのまま思い切り打たせる。選択肢は、3つ。村上選手の頭にも「バント」がちらついたという。牧原大成選手も代打の準備をしていた。しかし、監督は、最後の最後まで村上選手を

「信頼」して思い切り打たせた。初球から力強く振り切った。ファール。1ボールの後の3球目。151キロの高め直球を捉えた。思い切り振り抜いた。打球はセンターの頭上を越えて転がった。二塁走者の大谷選手が還って5対5の同点。大谷選手に追いつきそうになるほど俊足の周東選手も一塁から還り、逆転のホームを踏んだ。侍ジャパンは、6対5のスコアでメキシコ代表にサヨナラ勝ちした。

「三原ノート」。WBCで優勝した栗山監督は、名将・三原脩《みはらおさむ》さん（元西鉄ライオンズ監督）の秘伝ノートを読み込み、野球哲学を磨いて来たとされる（「世界一へ導いた〝マジック〟～侍ジャパン・栗山監督～」2023年4月3日、NHK初回放送）。

三原さんは、自らの戦争体験（二度にわたって、太平洋戦争のビルマ戦線で曹長として多くの兵をまとめていた）を踏まえ、突撃型人間か守備型人間かを見分け、選手の性格を見抜くことが大切と言う。味方に対しては洞察力、敵には心理戦が重要とも言う。1958年の日本シリーズ、西鉄対巨人。初戦から3連敗の後、4連勝で奇跡の大逆転を果たした戦いぶりは、今でも語り継がれる。50年以上前から二刀流の選手起用を実践し、その用兵は三原マジックと称されていた。しかし、「三原マジックとは、奇策ではなくセオリーである」と述べている。

「三原ノート」の中に、優勝するには「実力が5：運が3：調子が2」と書かれている。

9回の裏、村上選手が打席に入ったとき、栗山監督は三つの選択肢全てを瞬時に検討したに違いない。味方（村上選手、代打選手）を深く洞察し、敵（メキシコ代表）の心理を鋭く見定めた。代打で走者を送れば、1死でランナーは二・三塁。5対5の同点になる可能性は高い。ひとつのセオリーである。送るなら代打だろう。しかし、ベンチに下がった村上選手との「信頼関係」はどうなるのか。万一、代打が送りバントに失敗した場合（最悪は併殺）の影響はあまりに大き過ぎる。村上選手はNPBの三冠王である。栗山監督は言うだろう。

「村上選手に思い切り打たせたのは、奇策やマジックではありません。セオリーです」と。

決勝のアメリカ戦の2回裏。先頭打者の村上選手は初球を振り抜いた。ほぼ真ん中の直球。打球は右中間2階席へ。これまでの不振を吹き飛ばすような特大の同点ホームランだった。前日のサヨナラ打で、吹っ切れたのだろうか。侍ジャパンは、7人の優れた投手陣で継投。1点差（3対2）でみごとに逃げ切った。9回の最後、大谷投手とトラウト選手との球史に残る激闘に、心底からしびれた。栗山監督でなくても言うだろう。「野球ってすげぇなぁ……」

ところで、準決勝メキシコ戦のあった3月21日は、私は早朝から「家島《いえしま》」に出かけていた。家島は瀬戸内海の姫路沖にある人口2700人程度の島で、家島諸島の中部に位置する。姫路港から船で30分。男鹿島《たんがしま》・西島から切り出された石材の運搬業、造船業、漁業が島の産業。神武天皇が大和へ向かう途中に寄港されたといわれる。港内が大変穏やかで、「あたかも家の中にいるように静か」だったことから、家島の名前が付いたとされる。

当日は、朝8時からのメキシコ戦をリアルタイムで観ることができず、ネットの速報で試合経過を追いかけていた。それなりに走者が出ているのになかなか決定打が出ず、残塁の山が続いていた。姫路港から家島に渡る船の中で、イライラが募っていた。

ちょうどそのとき、友人からラインのメッセージが入った。

「朝からべろべろです。侍ジャパン、なかなか点が取れない……」

祝日（春分の日）で、多くの人が早朝からメキシコ戦をテレビ観戦していた。観戦しながら、朝から一杯やっている人も少なくなかっただろう。侍ジャパンが、追いつけそうでなかなか追いつけない試合展開にイライラが募る。酒の量が増えていくのも無理はない。友人もその中のひとりだった。

家島は、あいにく雨模様だった。昼食の前、長い石段を登り「家島神社」を参拝した。神社の「手水舎《ちょうずや》」の水が、赤穂市からの「海底送水管」（約14キロメートル、海底送水管としては日本一長い）で送られていることを、地元のガイドさんから聞いて驚いた。

ちょうど参拝の真っ最中だった。同行者から歓声が上がった。その瞬間に試合が大きく動いた。ムラカミサマのサヨナラ・ヒットだった。神社の参拝とムラカミサマのサヨナラ・ヒット。全くの偶然に過ぎないが、なんとも不思議な気分だった。それまではイライラが募っていた友人の酒も、きっと「喜びの酒」に変わっていたに違いない。

ＷＢＣで優勝した今、大谷翔平選手になりきって言ってみた。

「今日からはまた、おおいに『あこがれ』ましょう。選手をリスペクトし、強いあこがれを持って、もっと野球が上手くなりましょう。もっともっと上を目指しましょう。日本の野球レベル、アジアの野球レベルを上げていきましょう。そして3年後、侍ジャパン・チームとして、また一緒に世界と闘い、もう一度優勝しましょう！」

侍ジャパン、ＷＢＣ優勝おめでとう！「喜びの酒」で乾杯！

（2）怒りの酒

複数の会社・組織の中で、30年以上働いてきた。その中で、ある時期、社長を社外から招聘《しょうへい》した時期があった。法人のトップが変わった。新しい経営者は、一般的に前任者の方針や手法を否定し、「自分の色」を出そうとする傾向がある。黒熊さんも、例外ではなかった。就任後、会社の中で運用されている諸制度について、私は何度も説明した。黒熊さんは、現行の諸制度について、当初は理解しようとする姿勢を示していた。が、途中から「聞きたくない」と言って耳をふさぐようになった。さらには、現行の諸制度が「間違っている」とまで言い出した。ここまでくると、穏やかではない。

どのような会社・組織にも、その風土・歴史を支えてきた諸制度がある。人事制度や給与制度についても、それぞれの時代を反映したものがある。各時代の要請・法制度に沿うように立案され、運用されてきたものがある。それらは、これまで会社・組織の発展に寄与し、従業員の生活を支えてきた。無論、諸制度に絶対的な「正解」というものはない。当然のことながら、諸制度には、一定の「賞味期限」がある。時代が変わり、社会の変遷にともなって、会社・組織の諸制度にも新たな創造や変革が求められることだろう。

しかしながら、現存し運用されている諸制度には「意味」がある。存在「価値」がある。時代が変わったからと言って、これまで運用されてきた諸制度が「間違っていた」ことにはならない。現存し運用されている諸制度が「間違っている」わけでもない。時代が変われば、会社・組織のフレッシュな頭をもった新しいメンバーが、新しい時代・社会の要請に沿うよう新たな諸制度を構築すればよいのである。古い制度は「時代に適合しなくなった」「限界が来た」のであって、決して制度自体が「間違っていた」わけではない。

例えば、「職能資格制度」は日本で生まれ、現在も多くの企業に存在し運用されている。「終身雇用」「年功序列」の考え方と馴染み、1970年頃には定着し、長い間、企業の発展に貢献した。経験年数を加味して従業員の能力を評価する制度は、日本の企業風土にも合致していたのだろう。しかし他方、能力と賃金とのミスマッチが起こり、管理が複雑・困難で、人件費も高騰し、多様な働き方への対応が難しくなってきた。昨今では、「ジョブ型」採用にも馴染む「職務等級制度」を採用する企業が徐々に増えてきた。

しかし、だからと言って、職能資格制度それ自体が間違った制度だったわけではない。制度そのものは、立派にひとつの時代を支え、日本の社会に貢献してきたのである。

まずは、過去、多くの日本企業の発展に寄与してきた職能資格制度の存在・内容を理解する。日本の人事・賃金制度の歴史的な変遷・経緯を学ぶ。その上で、問題点を充分に分析して、新しい制度の導入を検討するのが、正しいあり方になるだろう。

また、１９６２年に導入され、多くの企業の退職金の運用を支えてきた「税制適格年金制度」は、企業が退職年金の支給を目的とし、50年もの長期にわたって運用されてきた。税制上の優遇措置を受け、外部機関に資産を積み立てるもの。但し、積立金水準を検証し、不足があれば企業が穴埋めするというルールが充分に整備されていなかった。２０１２年3月31日、制度は廃止。制度に問題があったこと、改善の余地があったことはたしかだ。しかし、制度それ自体が、間違っていたわけではないだろう。

「人間が作った文化は、その全てが未完成品である」

ある時代、社会に存在している諸制度、企業の中で運用されている諸制度についても、そのことが当てはまる。ある時代、ある企業の中に存在し運用されていた諸制度は、その当時の経営者・人事責任者がベストだと判断した結果、導入されたものだろう。現在と近未来を見据え、当時の法規制に従い、自社に適した内容を充分に検討し、一つひとつ作り上げてきたものである。知恵を絞り、汗をかき、真剣に取り組んで、ひとつの形にしたものなのだろう。

企業内に「労働組合」がある場合は、労使で協議した結果、導入が決定されたものも少なくない。諸制度が完成するまでに、当時の経営者・人事責任者・組合の執行部が尽くしてきた努力・苦労を、私は目の当たりにしてきた。その後の時代は、微力ながら私自身もその役割を果たしてきた。

それらが「間違っている」といった言は、当を得ない。これまで、会社の発展に貢献してきた経営者・人事責任者・組合執行部への冒涜《ぼうとく》にもなりかねない。しかも、黒熊さんは、労使交渉の場で、「酒田さんは、長い間、『間違った制度』で組合を騙してきた」とまで言い放った。ここまでくると、もう「ナニヲカ　イワンヤ……」と言うほかない。

黒熊さんは、新任の社長として、1日も早く自分の色を出したいと考えていたのだろう。目に見える「成果」を求めるあまり、焦りがあったのかも知れない。しかしながら、単純に過去を否定したからといって、未来への価値ある変化が現われるわけではない。新しい時代に求められる「創造と変革」。そして、最も強く求められるのが「寛容な組織」。価値の高い変化は、鷹揚《おうよう》な経営者のもとでこそ生まれる。私には、ひとつの思いがある。

「過去は否定するものではない。学ぶもの。過去を学ぶことで見えてくる未来の姿・形がある。過去から謙虚に学ぶ。そこから、未来に必要な『変化』が自ずと見えてくる」

新しいリーダーの仕事は「よりよい未来を創ること」。それは安易に過去を否定するだけで容易に得られるようなものではない。よりよい未来を創ることで、過去の柵《しがらみ》を断つ。しかし、それには過去と現在を正しく知り、理解することが不可欠なプロセスになる。正しい認識・理解があるからこそ、過去や現在の不備や欠点を改善し、「結果として」よりよい未来を創造することが可能になる。過去と現在を「止揚《しよう》」することができる。過去は、単純に否定すれば足りるものではない。謙虚に学ぶべきものではないだろうか。

新しく会社・組織に着任した経営者が、最初に発するべきメッセージは、「新しい時代に、新しいメンバーで、ワクワクするような新しい制度・文化を一緒に創っていきましょう！」ということではないだろうか。それだけで、会社・組織はひとつにまとまるはずだ。

間違っても、規定を無視して既存の制度を曲げ、経営側だけに都合のよい結論を導くようなことをしてはならない。

数日間は、怒りが沸点近くを行ったりきたりしていた。「怒りの酒」の日々が続いた。「怒りの酒」には、味や香りがない。しかし、学生時代に泥酔事件を二度経験してからは、「自棄酒《やけざけ》」を呷《あお》ることもなくなった。自棄酒が「酒に失礼」だと思うようになった（ちなみに「怒りの酒」は怒りの対象が具体的で気持ちも建設的な面があるが、「自棄酒」は理性を失い現実から逃避する、俗に言う「酒に呑まれる」状態である）。アンガー・マネージメントの手法や「**刺激と反応との間にはスペースがある**」ことを学んだ（S・R・コヴィー著：『七つの習慣』）。それでも、黒熊さんとのやりとりを思い起こせば、穏やかな気分にはなれない。強い義憤に駆られた。「義を見てせざるは勇《ゆう》無きなり」（孔子）という古い言葉がある。私の言が、間違っていたとは思わない。しかし、彼もまた、主張を撤回するつもりはない。議論はどこまでも平行線をたどる。

三宮の「居酒屋K」で呑んでいた。当夜の酒は、「夜明け前」（長野県：小野酒造店）だった。小野酒造店は、1864年（元治元年）、明治維新前夜、旧中山道・三州街道の宿場町として栄えた辰野町小野で創業された。信州の南に位置する。初代小野庄左衛門正常によって屋号「千歳屋」として創業。当初は、屋号にちなみ「千歳鶴」の販売を開始した。標高810メートル、霧訪山より流れ出る清らかな名水を利用し、米は長野県産美山錦、金紋錦、兵庫県産山田錦。最高の米、最高の水、最高の環境から美味しい酒が生まれる。

「夜明け前」は、島崎藤村の小説から名付けられた。島崎藤村の父、島崎正樹は、たびたび辰野町小野の宿場を訪れ、現地の国学者と交流を深めた。小野酒造の創業が「日本の夜明け」である明治維新の直前だったことから、藤村の小説の名を借りて「夜明け前」の名が付けられたと言う。

銘酒「夜明け前」との対話が、それまでの怒りを鎮め、負の感情を癒してくれた。
夜明け前「お前も何かと大変だなぁ……。組織の中で働いていると、色々と理不尽なこともあるだろう……」
酒田「確かに、理不尽なことは多い。それにしても、今回のは、なかなかものだったよ」
夜明け前「よいことばかりでもないし、悪いことばかりも起こらない。1日のうちで、夜明け前が一番暗いのを知っているだろう。それでも明けない夜はないよ」
酒田「『夜明け前』が、夜明け前を語るか……。そう言えば、『夜明け前』というのは、苦難の時期が終わり、事態が好転する直前のたとえを意味するものだったよなぁ……」
夜明け前「その通り。ぜひ、そうあってほしいものだ」

(3) 哀しい酒

泣いていた。号泣に近かった。新緑が眼に優しく、薫風が心地よい季節だった。年に一度の国家試験に落ちた。女は私の前から姿を消した。競落《きょうらく》されたアパートから追い出された。差し歯まで抜け落ちた。世の不幸をひとりで背負っているかのような気分になっていた。

既に大学を卒業していた。就職活動はしないで、学生時代を過ごした東京で、司法浪人の途を選んだ。しかし、合格の女神様が、私に微笑むことはなかった。付き合っていた彼女は、私の前から姿を消した。また、住んでいた借家を追い出される店子の立場は、何とも理不尽で不憫なものだった。

当時、私が都心に転居した後、住んでいたアパートの家主は、元公立小学校の校長先生。人望厚い方だったらしい。住居には家族5人が暮らしていた。いかにも人のよさそうなご主人の母親、夫婦、長男・長女が平和に暮らしていた。私の部屋は、長男の部屋と隣接していた。彼の部屋からは、来る日も来る日も『聖母《マドンナ》たちのララバイ』（岩崎宏美）が聞こえてきた。

「……この都会《まち》は　戦場だから　男はみんな　傷を負った戦士
どうぞ　心の痛みをぬぐって　小さな子供の昔に帰って　熱い胸に　甘えて……♬」

隣の部屋からは、ときどき長男の声に長女の声が重なる。仲の良い兄妹のように見受けた。妹の笑い声が混ざり合う。

「うふふ……うふふ……うふふ……」

本当に「うふふ……」と笑う女がいたことに、私は少々驚いた。

ご主人の人のよさが災いした。知人の多額の借金を担保するため、自宅の土地・建物、貸していたアパートに抵当権が設定されていた。知人は、期限までに借入金を返済することができなかった。抵当権が実行され、物件は不動産会社に競落された。不動産会社からは、家主の住居及び古くなったアパートを取り壊し、マンションに建て直す旨の通知があった。期限付きで、建物を明け渡して頂くことになるとの書面が届いた。

私は、不動産会社に連絡して、社長との直接交渉を求めた。社長は私との交渉を拒んだ。致し方なく、担当者と話をすることになった。

酒田「住居を明け渡すつもりは、全くありません。転居する費用もなければ、時間的余裕もありません。もしそれでも明け渡しを強行されるなら、店子全員から嘆願書を集め、知人の弁護士と一緒に交渉を進めざるを得ません」

担当者「酒田さんのご意向はよくわかりました。社長には、私からそう伝えておきます」

一週間ほどが経過した。担当者から連絡があり、社長の意向が確認された。

担当者「社長の方針は全く変わりそうにありません。一刻も早く転居先を見付けて、勉強に専念された方がよいのではないか。社長は繰り返し、そう言っていました。実は、酒田さんにだけでも、立退料を支払ってあげたらどうですかって、社長に話をしたのです。そしたら社長、えらい剣幕で……。『もしそんなことをしたら、その後、どんなことになるのかわかっているのか！』って、社長から、えらく叱られてしまいましてねぇ……」

担当者の言っていることは、おそらく本当なのだろう。私はこのような話に弱い。担当者は、いかにも人のよさそうな人物だった。もうこれ以上、彼に軋轢やプレッシャーを与えることは忍びない。組織に所属していれば、組織の方針に従わざるを得ない。与えられている立場、期待されている役割がある。担当者の振る舞いは、平和的で穏健だった。しかし、見方を変えれば、それなりに老練《ろうれん》で狡猾《こうかつ》だ。

酒田「本意ではありませんが、御社の方針には従います。但し、明け渡し時期については、もう少し猶予期間を設けてください」

その後、ようやく不動産会社の社屋で、担当者同席のもと、社長から正式な話があった。

社長「酒田さんは、なかなか勇ましい方ですねぇ。まるでどこかの会社の組合闘争家のようだ。しかし、ここは速やかに環境を整えて、勉学に励んで頂いた方がよいのではないですか……」

それを言うのなら、わずかでも「立退料」を支払ってくれた方が、気持ちよく明け渡し、速やかに環境の整備もできるだろう。「組合闘争家のようだ」とは、余計なお世話である。しかし、もう既に気持ちは整理され、これから先のことだけを考えていた。

期限までに部屋を明け渡し、転居した住居での新しい生活が始まった。幸いにも、転居前の住居に近い場所にあった物件を、よい条件で借りることができた。新しい家で、２カ月程の間に起こった一連の忌《い》むべきできごとについて、改めて振り返ってみた。

休日の夜明け前だった。六畳一間のアパート。テーブルの上に、1本の白ワイン。去っていった彼女から差し入れられた。飲み干した。徐々に陽が高くなってくる。意識が遠ざかる。酔いが強い睡魔を誘う。外界の明るさとは対照的に、深くて冷たい暗闇の中に吸い込まれていくようだった。

目覚めた。数時間が経過していた。不思議な気分になっていた。

「客観的な状況は、もしかすると自分が思っているほど悪くないのかも知れない……」

どういうわけか「絶望」はなかった。当面、これ以上、失うものがないことを知っていたからかも知れない。図々しくて空っぽの「希望」と「若さ」だけが、当時の私を支えていた。

「哀しい酒」は、いつしか「悔しい酒」に変わっていた。

(4) 楽しい酒

①神姫バスツアーズ「播磨の酒蔵巡り」

２０１４年（平成26年）および２０１５年（平成27年）、神姫バスツアーズが募集していた「播磨の酒蔵巡り」に参加した。いずれもＪＲ加古川駅前からの出発となった。

２０１４年12月、**「田中酒造場」**を訪れた。世界遺産・姫路城がそびえる播州姫路の西南、広畑で１８３５年（天保６年）の蔵開き。現在の社長は６代目。気さくで、サービス精神旺盛な社長さん。「米の味を生かした蔵の酒を造ること」にこだわり続ける蔵人たちの一途な職人魂が、「白鷺の城」「名刀正宗」といった銘酒を醸す。テコを利用した「石掛け式天秤絞り」（５００キログラムの石を天秤に掛け、前後に調整しながら槽《ふね》から生まれ出る酒を見守る）が、田中酒造場の特徴のひとつ。蔵の周辺は変わっても、酒蔵の中は昔のまま。悠久の時へ旅をしたかのような気分になる。「温故創新《おんこそうしん》」が、田中社長のモットー。自分をタイムスリップさせ、感動し楽しいと感じたそのパワーを、新しい酒魂として現代の魅力へと導き創り上げる。「一麹《こうじ》、二酛《もと》、三造り」が日本酒造りの格言。完成した米麹を数粒頂いた。「栗」の芳香。栗の香りは、大切な麹造りが成功した証。全ての酒を試飲させて頂いた。『播磨国風土記』をもとに誕生したとされる「白鷺の酒　庭酒　生酛純米酒」を購入した。

２軒目に訪れたのは、播州赤穂の**「奥藤商事」**。赤穂藩主浅野家の御用酒屋だった地元の名家。昔の町並みが残る坂越港近くで酒造りを続ける。実直な酒造りをモットーとする。
銘酒「忠臣蔵」は、瀬戸内の魚介と特に相性がよい。お土産は「山廃仕込み純米　忠臣蔵」である。

昼食は、赤穂市内の旅館「**銀波荘**」で、牡蠣のコース料理を頂いた。田中酒造場の田中社長によるご厚意と旅館支配人のご了解が得られたことで、田中酒造場で頂いた試飲用の酒全てが昼食会場に持ち込まれて振る舞われた。牡蠣料理との相性も抜群だ。陽《ひ》はまだ高い。何とも「楽しい酒」になった。神姫バスツアーズの販売・企画力の賜物でもある。

翌年の2015年（平成27年）1月下旬、二度目の酒蔵巡りツアーに参加した。
今回は、播州地方を代表する銘酒「奥播磨」を醸す「**下村酒造**」。下村酒造のある播州・奥播磨の安富町は、9割を山林に囲まれる。清冽《せいれつ》で豊かな水と澄んだ空気。良質の酒米「山田錦」を贅沢に入手できる恵まれた環境にある。中国山脈より吹き降ろす冷気が酒造りに最適の気候。明治17年の創業以来、自然の恩恵を最大限に生かし、情熱と手間ひまをかけて醸す手造りの酒造りを守り続ける。機械化・大量生産を一切行わず、「手造りに秀でる技はなし」をモットーとする。当日は見学こそ叶わなかったが、酒蔵のピリピリとした緊張感を感じ取ることができた。「奥播磨　芳醇超辛生」を購入した。

昼食をはさんで「**老松酒造**」を訪れた。老松酒造は、周囲を山に囲まれた宍粟《しそう》の町にあり、かつては山崎藩御用酒屋として活躍した。２４０年を超える歴史を持つ。職人気質な杜氏や蔵人とともに、昔から愛されてきた宍粟の酒造りを続ける。さっぱりとした酸味の中にもコクがある「スエヒロ　老松」は主要の銘柄だ。

「揖保乃糸」で買い物をした後、ツアー最後の「**山陽盃酒造**」に向かった。

山陽盃酒造は、１８３７年（天保８年）の創業。約１３００年前（奈良時代初期）に編集された『播磨国風土記』。「大神の御乾飯が濡れてカビが生えたので、酒を醸させ、庭酒《にわき》として献上させ、酒宴をした」と記されている。

その舞台である兵庫県宍粟市一宮町能倉《よくら》にある「庭田神社」を、日本酒発祥の地とする説がある。かつて近隣には、数十件の酒蔵があった。現在、庭田神社から最も近い酒蔵が、山陽盃酒造である。

兵庫県最高峰・氷ノ山の伏流水である揖保川水系の水を自社の井戸から汲み上げて、仕込み水として使用する。口当たりのよい軟水が、滑らかで柔らかい酒質を得るために必要不可欠。酒米は、「山田錦」「兵庫北錦」「兵庫夢錦」など兵庫県産のもの。兵庫県原産の酒米と播州の水によって酒を醸すことにこだわる。

しっかりとした旨味を感じながらも程よい酸味があり、後半はスッと消えていく。「もう一杯呑みたい」と思うようなキレのある酒を目指す。ひとくち呑んで美味しい酒ではない。日常的に食卓に置かれ、食事と一緒に呑むことによって、より一層互いの旨さが増すような酒を理想とする。

蔵元から車で1時間ほどの養父市《やぶし》、明延鉱山《あけのべこうざん》。その旧坑道内に長期熟成酒用の天然蔵、「明寿蔵《めいじゅぐら》」がある。1年を通して11~15度の低温に保たれる漆黒の空間で、自然にゆだねて熟成させる。そこから生まれる何とも言えない深みとまろやかさ。「播州一献」は、全国新酒鑑評会で何度も受賞している銘酒。「播州一献　大吟醸」をお土産に購入した。

山陽盃酒造は、2018年（平成30年）、明治・大正期の木造仕込み蔵を火事で失った。しかし、2021年（令和3年）には、跡地に原料処理蔵を建立し、ステンレス製の麹室・

冷蔵型酒母室を新設した。垂れ壺を廃止し、自動圧搾機から揚げ桶へのグラビティシステムを導入。冷蔵型仕込み蔵、クリーンルーム併設の瓶詰ラインを新設した。
また、果実酒の製造免許を取得して「CIDRE《シードル》 Ron《ロン》 Ron《ロン》」の製造を開始。火災を乗り越えて、酒蔵はみごとに蘇《よみがえ》った。

ところで、神姫バスツアーズ「播磨酒蔵めぐり」には、忘れられないガイドさんがいる。神成さんというお名前だったと記憶している。自己紹介から、ふるっていた。
「私の名前は、か、か、か、カンナリと言います。神様の『神』と成田空港の『成』です。か、か、か、カミナリではありません……」

朝の出発直後は、みんなまだエンジンがかからないようだった。が、酒蔵を巡っているうちに徐々に調子が出てくる。口調も滑らかになる。笑いにキレが出てくる。一気に乗りがよくなる。座席の左右両側には、ご機嫌な酔客たち。午前中から、車中には酒の香りが充満する。酔客とバスガイドさんとの「掛け合い漫才」もなかなかの見もの。車内に爆笑の渦が舞う。酒蔵巡りツアーのガイドは、二度とも神成さんだった。今も記憶に残る実に楽しい人だった。播州地方の酒蔵を巡る「楽しい酒」の旅になった。

②灘五郷にあった酒蔵「泉勇之介商店」

「泉勇之介商店」は、初代泉勇之介氏により1882年（明治15年）に創業した。その銘柄「灘泉」の名は、立地する「灘」と姓「泉」に由来する。酒蔵は、昭和の風水害・戦災を免れ耐えた。しかし、1995年（平成7年）の阪神・淡路大震災で大きな被害を受けた。幸い、蔵の原形を持ち堪えることができたため、無事に復興を果たし、貴重な木造酒蔵の雄姿を守ることができた。灘で唯一の木造酒蔵をはじめとする建物類は、国の登録有形文化財にも指定された。神聖な趣を醸し出す蔵から、長い歴史・伝統・文化を肌で感じることができた。酒蔵の2階部分は多目的貸しホールとして活用され、近隣住民にも親しまれていた。

ところが、その後、この酒蔵は経営難に陥り、2013年（平成25年）に廃業。酒蔵は競売にかけられた。地元では、酒蔵を残すための署名活動も行われたが、実を結ぶことはなかった。近隣の自治会や酒屋、日本酒ファンなどが、神戸市に購入を求める署名活動を開始したが、神戸市は拒否。解体反対・保存運動も虚しく、国の登録有形文化財登録は抹消された。残念ながら建物は取り壊され、歴史的文化財が神戸の街からまたひとつ消えてしまった。

3代目勇之介さんが木造酒蔵の復興を果たした後、酒蔵を訪れた。同じ幼稚園に通う子供の縁で訪問の機会を頂いた。新酒が完成し、ちょうど搾りに入る時期だった。勇之介さんの奥様が蔵を案内して下さった。蔵内には、何とも言えない芳醇な酒の香りが漂《ただよ》う。

奥様「ちょうど新酒を搾ったところです。1杯飲みますか？」

搾りたての純米吟醸の生酒。「蛇の目のお猪口《ちょこ》」（1合）を貸して頂いた。底には、白地に青い大小の二重丸模様が見える。酒蔵の杜氏さんが、利き酒用に使用するタイプだ。

酒田「はい、ぜひお願いします」

我ながらよい返事だった。厚かましいと言われようが、どこに断る理由がありましょう。全身から、酒を受け入れたいというオーラを醸し出していた（ような気がする）。

奥様は、お猪口に、ゆっくりと、そしてたっぷりと、酒を注いでくれた。蛇の目の白い部分で酒の色合い・透明度を確認。香りを嗅ぐ。上品でやわらかな吟醸香。ひとくち含む。冷たい。舌の上でゆっくりと転がした後は、舌の全体で味わう。やや芳醇。

しっかりとした米の甘みがある。甘みは後を引かずにさっと消える。生酒のフレッシュさに感動する。


酒田「うう〜っ　旨い！」と言いかけてやめた。先に表情の方がそう語っていた。

奥様「酒田さんは、本当に美味しそうに呑みますねぇ……」

酒田「こんなにフレッシュで、勢いのあるお酒を呑んだのは初めてです」

　実際に、酒蔵で搾りたての生酒を呑んだのは、これが最初の経験だった。

「奥様も一杯いかがですか？　おっと、これはちょっと違うなぁ……失礼しました」

奥様には、深い感謝の気持ちを伝えた。そして、純米大吟醸酒2本を購入して蔵を後にした。

歴史・伝統・文化に支えられた木造酒蔵での「楽しい酒」「旨い酒」を堪能した。


　ところで、廃業時の社長であった3代目勇之介さんは、その後2015年に大阪府堺市で創業した「堺泉酒造」（現「利休蔵」）において、代表取締役兼杜氏として尽力された。

　元々、堺は「小灘」と称されるほどの酒どころで、江戸期の文政3年には101もの蔵があった。包丁など有名な産業があるが、中でも明治から大正期には日本酒製造が主力になり、当時でも95蔵が並んでいた。それが昭和初期には徐々に減り始め、１９６６年（昭和41年）に最後の蔵が幕を閉じた後、酒造りの不毛地帯になっていた。

堺は商人の町として繁栄し、室町時代には自由都市として隆盛を極めた。応仁の乱で、京は荒廃した。商家の多くが戦火にまみえた京の町を捨て、堺に移転した。海外への貿易ルートも瀬戸内から和歌山沖を通るものに変更され、堺の港は重要拠点のひとつとなった。日本酒造りの歴史では、伊丹や池田の方が古い。しかし、江戸期の酒造りに大きな影響を及ぼしたのは、海上運送の便利さである。灘はその恩恵を受け、江戸への一大酒輸送地帯となった。灘ほどではないが、堺もまた、その当時は酒造りで栄えていた。

ところが、明治中期、堺は灘の「宮水」を運んで酒造りを行うようになっていた。加えて、市街地開発が進み、工場廃水の影響で水質が悪化した。増大する輸出を賄うために、灘から酒を移入した。「金露」や「福徳長」など、堺から灘へ移る蔵も現れた。次第に、堺の酒造りは個性を失っていった。灘よりも遠く離れているため、酒造りに欠かせない杜氏（但馬杜氏・丹波杜氏）を確保することが困難になってきた。太平洋戦争の空襲で蔵は焼失してしまい、堺で酒を造るところがなくなってしまった。１９６６年（昭和41年）、唯一残っていた「新泉酒造」

が灘の蔵と合併して、前述のように堺の酒造業は幕を閉じた。

しかしながら、かつて「小灘」とまでいわれた堺で、酒造業の復活を望む声は多かった。2003年（平成15年）頃から、復活の動きが始まった。家業の造り酒屋を継いだ西條さんという方が、酒造りに専念して市民有志の声を具現化した。幼少期を過ごした堺の人達の想いに応えるべく、堺唯一の酒蔵を立ち上げた。

2013年（平成25年）、本格的に堺で日本酒造りが始まった。2014年（平成26年）、灘にあった泉勇之介商店から清酒免許を取得し、堺東駅前の料亭の一部を借りて製造を行うようになった。反響は大きく、製造した3400リットルは即完売。2016年（平成28年）には、製造拠点を南海堺駅前に移した。堺泉酒造で造られた酒は、「千利休」と冠されて販売されている。

泉勇之介商店の元社長、3代目勇之介さんの酒造りへの思いが、場所を変え、堺の地で酒造りに新たな息吹を与えた。かつて灘で日本酒を醸していた勇之介さんの存在が、1966年（昭和41年）以降、眠っていた堺の地で日本酒を蘇らせるひとつの大きな力となった。国内の酒蔵の数が次第に減少していく中、また国内での清酒製造免許を新規取得できない現況にあって、堺泉酒造のスタートは歴史的な快挙と言えるのではないだろうか。

国内での「清酒製造免許・新規発行」の壁は、驚くほどに高くて厚い（第Ⅱ章　三、参照）。現在、国税庁は清酒製造免許・新規発行を控えている。酒造業界には、「一増一**減**」の原則が適用されている。酒造免許の発行は、①事業承継やＭ＆Ａなどにより新規免許発行に伴い、既存免許が廃止される場合、②既に清酒製造免許を持つ事業者が、新たな場所に製造場を建てる場合に限定されている（酒税法第10条・第11条に関する国税庁の法令解釈通達）。

灘にあった泉勇之介商店の廃業が、２０１３年（平成25年）。堺泉酒造が酒造免許を取得したのが、２０１４年（平成26年）。堺泉酒造の酒造免許の取得にも、「一増一減」の原則が適用されたのだろうか。昨今では、熱意ある若い蔵人の醸す酒質の高い酒が、各地で数多く現われてきた。国内での清酒製造免許・新規発行の途が開かれることを、切に願ってやまない。

③ちょぼちょぼ仲間と酌み交わす酒

「ちょぼちょぼ仲間」と酌み交わす酒は、実に旨い。ちょぼちょぼ仲間の名は、小田実《おだまこと》さん（作家、元べ平連代表）がよく使っていた「人間みんなちょぼちょぼや」から頂いた。ちょぼちょぼ仲間には社会的に立派になった人もいるし、地位・名誉などには全く頓着しない人も多い。「一緒に呑んで楽しい人」は、すべてちょぼちょぼ仲間だ。

酒場詩人の吉田類さんの著作にも、『酒は人の上に人を造らず』（中央公論新社）というタイトルがある。

会社・組織に所属しているときは、地方出張の際、「地酒」との出会いがひとつの楽しみになっていた。広島では、愛飲家のIT担当者と事務所移転に立ち会った。システム上の不備が見つかり、ひと仕事終わった後、営業所のメンバーと「反省会」。移転先の事務所に近い居酒屋に入った。広島の地酒の品ぞろえに、思わず喉が鳴った。

「賀茂鶴」「賀茂泉」「西條鶴」「山陽鶴」「亀齢」「福美人」「白牡丹」「賀茂金秀」「竹鶴」「龍勢」「雨後の月」「宝剣」「酔心」……。

旨い地酒との出会いに、IT担当者とともにすっかり上機嫌になっていた。私は言った。

「明日は、『反省会』の反省会をやるか……」

福島でも、事務所の大改装のため、IT担当者とその立ち会いをした。営業所の地元スタッフが紹介・予約してくれた福島駅前の居酒屋で、営業メンバーとともに東北6県の旨い酒・旨い肴を存分に堪能した。福島県の地酒のレベルは極めて高い。「飛露喜」「奈良萬」「廣戸川」

「寫樂」「天明」など。しかも1月末、「地酒」は旬の季節。すっかりいい気分になり、夜はホテルで爆睡した。

翌日、起床すると喉に痛みを感じた。ホテルの部屋が乾燥していたのだろうと考えた。日中は予定通り事務所の改装に立ち会い、夜はビールと焼肉、そして地元で有名な「円盤餃子」での賑やかな宴会となった。宴の後は、4人で飯坂温泉の旅館に投宿した。少し熱っぽさを感じたが、温泉で温まれば回復してくるだろうと考えて、早めに眠りについた。

翌朝、体調が悪化。悪寒がする。喉の痛みが激しい。声が裏返る。人生二度目の変声期。所長にクリニックまで案内してもらい検査を受けた。結果はみごとに「当たり」。インフルエンザの陽性反応。25年ぶりだ。投薬してもらい、隔離のため一足先に福島を離れた。

所長はインフルエンザウイルスを寄せ付けなかった。が、他の営業メンバーやＩＴ担当者に感染した。犯人は私。神戸に戻り、所定の期間は自宅待機した。旨い酒・旨い肴を頂き、インフルエンザウイルスを「お土産」に置いていったとんでもないヤツ。

そんな私にも、福島の皆さんは本当に親切で優しかった。福島出張が、地方での私の最後の仕事になった。彼らに支えられて、約30年間の会社勤務を無事に終えることができた。

ただただ深謝！

学生時代を過ごした東京は、全てにおいて刺激的だった。若い時代を過ごすのに、国内でこれ以上におもしろい場所はないだろう。しかし、生まれ育った神戸の街には愛着も深い。20代後半に神戸に戻り、新しい家族とともに、再び故郷で深く根を下ろすことになった。故郷には幼馴染みがいる。50年を超える付き合いのちょぼちょぼ仲間も何名か残る。今を忘れ、仕事を忘れ、家族を忘れて「むかし」に戻る。幼かった自分に立ち帰る。

顔のしわは増え、髪の毛は薄くなり、腹部は出っ張る。しかし、50年の星霜を経ていても、「人の原点」はあまり変わっていない気がする。そんなちょぼちょぼ仲間と酌み交わす酒は、実に旨い。

会社に勤務していた頃、苦楽を共にした同僚・先輩・後輩、同じ時代に長年一緒に働いてきた社外の仕事仲間、会社を去った後、執筆活動・出版をきっかけとして知り合った方々についても、敬意を払いつつ、無礼を承知の上で「ちょぼちょぼ仲間」と呼ばせて頂きたい。彼らと呑む酒は、とても楽しい。

幼馴染みも、現役を引退する年齢になってきた。徐々に、第一線から距離を置く人も多くなってきた。これまで多くの時間を費やしてきた仕事から解放されると、1日は随分と長い。ちょぼちょぼ仲間同士が集まり、酒を酌み交わす機会も増える。現役を引退した世代の人が、居酒屋で宴会を開いている姿をよく見かける。「年金酒場」を自称する居酒屋もある。

高校の同級生が営むジャズ・バー「さりげなく」（神戸三宮）。昔馴染みの交流に一役買っている。「さりげなく」は、50年前にジャズ喫茶としてオープン。作家の村上春樹さんも足しげく通った。オーナーが同級生の2代目に替わり、場所も北野坂に移転。そこに移ってから既に40年に近い。現在は、夜のみ営業のジャズ・バーになった。

お店はビルの2階。アンティークな木製のドアを開けると、現オーナーの冨山さんが柔和な表情で温かく迎えてくれる。

これからも、健康に気をつけながら、無理のない一献を楽しみたい。

3、人の縁を創るは、酒なり――「酒《しゅ》」に交わる

（1）灘の酒大学

2014年（平成26年）10月に、第17期「灘の酒大学」に入学した。「灘の酒大学」は、神戸市灘区／東灘区の区役所が主催。灘五郷にある酒蔵の協力のもと、例年秋に開催されていた。講義は月に1回。期間は6カ月。仕事を早く切り上げて、午後6時30分から始まる講義に間に合うよう酒蔵に直行した。この年は、「櫻正宗」「沢の鶴」「白鶴」「神戸酒心館」「浜福鶴」および「こうべ甲南武庫の郷」が会場となった（コロナ後休止、再開後は条件変更）。

酒蔵では、毎回1時間程度の講義があった。「灘五郷の歴史」「酒の造り方」「酒と科学」「酒と健康法」「酒と料理との相性」のように、実際に役立つテーマが多かった。最終回は、卒業証書の授与式が行われた後、受講生全員が参加して打上げが行われ、閉講となった。

5回目までは、1時間程度の講義の後に「利き酒テスト」があった。毎回異なった蔵の酒4

種類に挑戦する。全体で5回、20種類の日本酒と出会った（1種類5点、毎回4種類で20点、計5回で100点満点）。色・味・香りの微妙な違いを自身の舌を信じて識別する。満点の目標を立てたのに、早くも2回目で土がついてしまった。大いに悔やんだ。酒呑みのプライドが揺れた。本気で戦略を練って臨み、3回目以降は全問に正解した。5回のうち4回を満点で終えることができた。

ちなみに、利き酒（官能評価）の方法について、下記の説明があった。

1. 利き猪口に約8分目の清酒を入れ、視覚によって外観（色・透明度・異物）を見る
2. 利き猪口を軽く動かしながら鼻に近づけ、小刻みに香りを嗅いで特徴をつかむ
3. 約5ミリリットル程度を口に含み、舌の上に静かに転がして香味をみる
4. 吸い込んだ空気を鼻から抜きながら、含み香をみた後吐き出し、後に残った味をみる

利き酒テストでは、「よくわからない酒」「確信が持てない微妙な酒」に神経を集中しなければならない。決して、「旨い酒」や「呑みたい酒」を何度も「おかわり」してはいけない。業の深い、寛大な酒呑みなら、笑い話として呑み込んでくれるだろうか……。

２０１５年（平成27年）３月、６カ月の受講期間を終えて、無事に卒業式を迎えた。卒業生61人の代表を目標にしていたが、惜しくも叶わなかった。１００点満点で90点（２回目で1カ所間違え、そのせいで都合２つ落とした）。１００点満点が1人。若い会社員風の男性だった。利き酒テストの結果発表があると、卒業生全員からどよめきが起こった。

「オーッ！」「スゴーイ！」

酒呑みも一目置く、優秀な酒呑みだ。彼が、卒業生の代表となった。お見事！　立派だ！

「私もこんなどよめきを受けたかったなぁ……」

ちなみに、利き酒テストで60点以上を獲得すると「認定書」が授与される。60点以上は「純米」、70点以上は「吟醸」、80点以上は「大吟醸」の認定書がもらえる。満点は逃したが、「大吟醸」を獲得した。酒呑みの莫迦《ばか》なプライドが、何とか保たれた。

この「灘の酒大学」は、日常業務の少なからぬストレスを解消し、よい気分転換になった。

当時、日本法人にいた北東アジア担当ビジネス副社長（オーストラリア人）に、酒大学のことをおもしろおかしく話した。利き酒テストをクリアして無事に卒業できたことを伝えた。既に日本酒（地酒）の魅力に取りつかれていた副社長は、強い興味を示した。

感想を聞いてみたいという思いもあって、「鍋島」（佐賀県：富久千代酒造）の純米吟醸・山田錦四合瓶をプレゼントした。香りが豊かでガス感が残る、私の好きなタイプ。外国人の舌に合うのかどうかを聞いてみたかった。幸い「旨かった」という感想が聞けた。しかし、残念ながら香味のデリケートな詳細を訊き取れるほどの英語力が、私にはなかった。後に、副社長から「上善如水《じょうぜんみずのごとし》」（新潟県：白瀧酒造）の純米吟醸を、お返しに頂いた。新潟を中心とした「端麗辛口」が全盛の頃、毎日のように呑んでいた日本酒（地酒）。「ドライ」（辛い）タイプを好む副社長の嗜好に合う酒だったのだろう。

副社長に酒大学のことを話したことで、事態は思わぬ方向に進んでいった。日本法人のみならず、グローバル・グループの人達にも、私のことを「酒マスター」として紹介していたようだ（第Ⅰ章　四．５．）。「本業」よりも「酒」への期待感の方が大きいように見受けられ、何とも複雑な心境であった。私にも「本業」はあるのだが……。

ところで、「灘の酒大学」には、その後、２人の後輩ができた。

ひとりは、会社の元同僚。もうひとりは、中学校時代の幼馴染み。２人とも、仕事を持ちながら結婚・出産・育児・子育てを経験し家族と暮らす。気配り・気働きができて、驚くほど活動的な人で、じっとしていられないタイプ。マグロのように休まず泳ぎ続ける回遊魚のようだ。

2人は「大吟醸」認定書を獲得した。酒の香味が理解できる優秀な酒呑みである。彼女たちは、今宵《こよい》もどこかで盃かワイングラスを傾けていることだろう。2人の後輩にも、それぞれ酒大学で同期の酒仲間ができた。

酒《しゅ》にまじわれば、縁が生まれる。「人の縁を創るは、酒なり」

(2) 日本酒ゴーアラウンド

毎年10月1日は、「日本酒の日」。全国各地で、関係のイベントが開催される。2008年に大阪で始まった「日本酒ゴーアラウンド」もそのひとつ。「さかずきんちゃんバッジ」(缶バッジ)をイベント参加の飲食店で購入し(500円、2024年からは800円)、その缶バッジを胸につけて、希望する飲食店でハシゴ酒するというシンプルなルール。最初の1杯(60ミリリットル)は無料サービス。料理購入(お通し1品・有料)が条件。蔵元や店主、お客さん同士の語らいも楽しい。

日本酒ゴーアラウンドは、日本酒ファンからの熱狂的な支持を集め、年を追うごとに規模が拡大し、コロナ禍前の２０１９年には全国14都市（札幌・東京・京都・大阪・神戸・広島・福岡・仙台・静岡・名古屋・姫路・岡山・松江・高知）、２万人近くが参加するイベントになった。２０２０年は新型コロナの影響で休止に追い込まれたが、翌２０２１年は開催時期を11月に延期し、開催日を３日間に分散して実施された。そして、２０２２年には出雲・沖縄が加わり、全国16都市で開催。この年は実施日の10月１日が、参加しやすい土曜日となった。

神戸は、２０１６年から日本酒ゴーアラウンドに参加。10月１日（土）、札幌・東京・京都・大阪・神戸・広島・福岡の７都市で同時開催され、私も同年からイベントに参加してきた。参加メンバーは、中学校時代の幼馴染み４人組。スタートは、「さかずきんちゃんバッジ」を購入する「日本酒とおばんざい　ぼでが」。この年にイベントに参加した神戸の飲食店は13軒。その後、参加店舗の数も増え、地域も三宮・元町に加えて須磨・六甲道にまで拡大。２０２２年、参加店舗数は30軒になった。

「日本酒とおばんざい　ぼでが」は、「新政」をはじめ秋田の旨い日本酒が呑める店。店内には、巨大な「杉玉」。「一体どこからどのようにして店内に入れたのだろう……」と、そのサイズに思わず驚く。店主のこだわりが随所に見受けられる。
「女性がひとりでも通える呑み屋」がコンセプト。普段の食事メニューには「おひとりさまセット」がある。当日のおばんざいを少しずつ盛り合わせたもの。日本酒が注がれる木グラス、信楽焼の器には、お店の常連さんでもある作家の作品も登場する。ある酒蔵の杜氏さんと同席する機会もあった。「よい人・よい酒・よい肴」。温かくて穏やかな気分に浸りながら、ゆっくりと流れて行く時間《とき》を味わう。ほっこりと呑めるお店である。

以下は、日本酒ゴーアラウンド神戸で、「ぼでが」で振る舞われた酒。秋田の地酒が多い。
2016―2017年　**新政**（秋田県：新政酒造）、陸奥八仙（岩手県：八戸酒造）
2018―2019年　両関（秋田県：両関酒造）、土田（群馬県：土田酒造）
2020年［新型コロナ感染予防のため休止］
2021―2022年　福小町（秋田県：木村酒造）、**稲とアガベ**（秋田県：稲とアガベ醸造所）
2023―2024年　春霞（秋田県：栗林酒造）、飛良泉（秋田県：飛良泉本舗）
2016年は「**新政**」。新政酒造の元杜氏・最高責任者の古関弘さん（その後、秋田の鵜養《うやしない》で無農薬の酒米作りに専念）と店内でお会いする機会があった。新政酒造の8代目社長の佐藤祐輔さんとの関係は、なかなか興味深い。「社長の佐藤祐輔さんは、天才か、変態か」という話になった。

「酒業界のスティーブ・ジョブズ」とも称される佐藤さん。伝統的な日本酒造りの原点（純米・生酛・木桶・6号酵母・秋田米）に回帰しつつ、これまで存在しなかった香味の旨い酒造りのために革命を起こし続けている。彼の常識を超える思いつきや発想は、凡人から見ると常軌を逸している。「変態」的に見えることもあるのだろう（極端に豊かな発想力・柔軟な思考力の意味合いで使用）。佐藤さんの発想・アイデアは、古関さんの存在があったからこそ具体的な形で実を結んだ。古関さんは、「ありえない」発想・アイデアを「ある」作品に変換できる超人である。尋常ではない忍耐力・情熱・使命感の持ち主に違いない。

私は、器の大きな人のことを「人物」と呼んでいる。古関さんは、間違いなく特大の「人物」である。そして、謙虚で、鷹揚《おうよう》で、優しく、実に楽しい方だ。

参加の飲食店「七海」の前で、エリア最遅の17時オープンを待ちわびて並んでいた。ちょうどそのとき、「大阪・京都・神戸で同時開催　三元中継！　日本酒ゴーアラウンド！」

の特集記事のため現地で撮影していた雑誌「Meets」のカメラマンと遭遇。参加していた幼馴染み4名の雄姿が、「日本酒クライマックス！」（同誌2016年12月号№342）の紙面を飾ることになった。

2019年は「**土田**」。土田酒造は、現代的な機械設備で江戸時代の製法を貫く。地元群馬の米・米麹・水・菌のみを使用する。全量生酛。「食用米」をできるだけ削らずに使って造る。「ぼでが」には、杜氏の星野元稀さんの姿があった。33歳、注目の若手杜氏だ。酒造りの基本を、懐の深い6代目蔵元社長の土田祐士さんから叩き込まれた。同時に、新政の佐藤社長や当時製造責任者だった古関杜氏に私淑《ししゅく》する。さらに、新政酒造の酒蔵に1週間弟子入りし、古関杜氏から薫陶《くんとう》を受けた。

「稲とアガベ」を醸す岡住修兵さん（かつて新政酒造で麹造りを担当）とのつながりも、酒質の向上に一役買った。「土田」を一口含んだとき、「新政」の酸味に近いものを感じた。こんなフレッシュで勢いのある酒が、「食用米」から生まれたと知って驚いた。

土田酒造には、失敗を失敗で終わらせない挑戦意欲・たくましさ・一途な情熱を感じる。失敗は神様のギフト。必ず得るものがある。

度量の大きな蔵元社長の土田さんは、若手杜氏の星野さんの肩をポンッと叩き、ニコッと笑った。（dancyu　2023年3月号「ほとばしる！　日本酒2023」）

2022年、日本酒ゴーアラウンドの10月1日。開店10周年を迎えていた「ぼでが」には、多くの酒呑みが集まった。2022年の酒は「**稲とアガベ**」（秋田県：稲とアガベ製造所）。学生時代にお客さんとして「ぼでが」にきていた岡住さんが、「新政」で修業した後、秋田で醸した酒だ。

イベント当日、岡住さんは満席の店内にいた。

2020年の初頭（コロナ禍の直前）、神戸で開かれた「発酵トーク」イベント（次項参照）の話をした。彼の記憶には残っていないようだった。ところが、「岡住帝国の建設」の話をすると表情は一変した。破顔一笑どころか、大声で爆笑した。記憶が戻ったのだろう。

「ようやく帝国の姿が見えてきましたねぇ……。応援していますよ。頑張れ‼」

「ありがとうございます！」

交わした握手は、かなり力強かった。

日本国内での「清酒製造免許・新規取得」の壁は、どうしようもなく高くて厚い。日本酒業界を活性化し、日本酒造りに情熱を傾ける若い蔵人達の熱意が報いられるように、日本国内で「清酒製造免許・新規取得」への途が開かれることを切に願っている（第Ⅱ章こぼれ話　3、参照）。

日本酒ゴーアラウンド、そして次に記す発酵トークのイベント、「新政酒造」の佐藤さん・古関さん、「土田酒造」の星野さん、「稲とアガベ」の岡住さん。

つないでいるのは、「ぼでが」店主さんのネットワーク。その人柄・人徳・人脈の賜物だ。さらに、昨今では、星野さんや岡住さん以外にも、新政に刺激されて、新規に日本酒造りに挑もうとする若い蔵人が全国各地で次々と生まれている。

まさに、「人の縁を創るは、酒なり」である。

（3）発酵食品のイベント

2020年（令和2年）1月26日（日）、新型コロナウイルス感染が問題化する直前だった。「発酵トークat神戸2020」のイベントが、神戸三宮で開催された。「日本酒・醤油・味噌・みりん・納豆のような発酵食品に携わる凄腕マイスターたちが打ち明ける発酵のおもしろさ、美味しさのヒミツ！」と題するもの（実態は真面目な爆笑座談会）。定員100人分のチケットは完売。かなりの盛況だった。主催者は、「日本酒とおばんざい　ぼでが」の店主さんだ。

参加の醸造家は、足立醸造（醤油・味噌）の足立裕さん、相沢食産（納豆）の相沢勝也さん、角谷文次郎商店（みりん）の三角祐亮さん、新政酒造（酒）の古関弘さん、土田酒造（酒）の星野元希さんの5名。そして、新政酒造で修業し、「稲とアガベ」を立ち上げた岡住修兵さんが、特別出演した。

12時20分、主催者のあいさつの後、足立さん、相沢さん、三角さんによるトークセッション（第1部）。休憩（日本酒 Bar・チーズ Bar がオープン）をはさんで、午後から、古関さん、星野さんによる第2部トークセッション。3年後の酒造免許取得を目指す岡住さんの出演の後、醸造家5名による最終トークセッション。16時、予定のイベントは終了した。

ちなみに、当日、日本酒バーで用意された日本酒のメニュー。

新政酒造からは、「No.6 R-type」（定番生酒、爽やかな酸味）、「亜麻猫」（焼酎で使用する白麹使用）、「ヴィリジアン」（酒米に「美郷錦」を使用した木桶仕込み）、「陽乃鳥 10周年」（オーク樽で貯蔵された貴醸酒、濃厚で甘酸っぱい）。土田酒造からは、「土田 純米吟醸」、「土田M」（Majestic：雄大、精米歩合90％）、「土田F」（Fantastic：幻想的、生酛で酸味が際立つ）、「土田99」（麹歩合99％）、「誉国光 プラチナ」（珠玉の限定酒）。

味噌・醤油・みりん・納豆・酒は、いずれも発酵食品。発酵は、微生物（カビ・酵母・細菌）の働きによって作られる。温暖で湿度の高い気候風土を活かした日本特有の食文化だ。それぞれの発酵食品が誕生した歴史的な経緯、地域的な特徴など、興味深い話を聞くことができた。「納豆菌」とほかの微生物との関係はなかなか微妙。納豆菌はあまりにも強すぎる。乾燥や熱に大変に強く、天日干ししても真空状態でも生き残る。マイナス100度〜100度の環境にも耐え続ける。pH《ピーエイチ》が低い酸性状態でも耐えることができる。菌の中で最強の存在。酒蔵、味噌・醤油蔵、パン工房など、麹菌や酵母菌などを扱う現場では、納豆菌を持ち込まないように納豆を食べてはいけないと毛嫌いされることも……。

しかし、相沢食産（納豆）の相沢さんは、限りなく納豆菌に深い愛情を注ぎ続ける。

「納豆菌は、なかなかよいヤツ、かわいいヤツなんですよ……」

会場は、優しい笑いに包まれた。

トークセッションの中で、新政酒造の古関さんの指摘からは、現在の日本酒造りが抱えている問題点、今後の進むべき道筋・将来展望、その中で新政酒造が果たそうとしている使命を強く感じた。本質を突いた指摘事項は示唆に富み、興味を惹かれることが多かった。

「現在の日本酒造りは、外界から遮断され、生態系から外れた綱渡りの状態にあります。『工業化のひずみ』のようなものを感じています。酒造りには、『**酒の質**』の問題と『**酒の味わい**』の問題があります。工業化のおかげで、酒造りに失敗が少なくなりました。酒の質は間違いなく向上しました。しかしながら、酒造りに失敗しない（上手に酒が造れる）ようになると、酒に野性味・雑味のようなものがなくなってしまい、酒造りがおもしろくなくなってきます。酒造りにドキドキ感のようなものが薄れてきたような感じがしています」

「そこで、昨今では逆に、酒造りの常識を壊そうと、即席で酒の味わいを回復させようとする動きが顕著に現われてきました。酒のインスタント造りのような現象です。『守・破・離』でいえば、『破』や『離』ばかりに注目が集まります。しかしながら、最も大切な『守』をおろそかにしてはいけません。むしろ、自然を相手にすることの**『おそれの感覚』**をこそ、もっと大切にしなければなりません。向かうべきは、これまでの『工業的発酵』から**『生態的発酵』への発酵のあり方です。**純米（秋田米、無農薬米、さらに無肥料米）・生酛・木桶・6号酵母。木桶の酒は、5年経っても劣化しません。『江戸時代に戻す。昔に戻ることで新しくなる』。次の若い世代には、この『おそれの感覚』を伝えていかなければならないと思っています。新政酒造が醸す酒、一つひとつの『作品』は、このような背景で生まれています」

土田酒造の星野さんからも、日本酒造りの本質、揺るぎのない真摯な姿勢や情熱、蔵元の社長との良好な関係など、印象に残るよい話が聞けた。

「日本酒造りは、『生きものを相手にする』『生きものを生きものとして見る』というのが本質だということを忘れてはいけないと思います。**『伝統的発酵』**を守っていくということは大切なことです。元々、伝統的な発酵というのは、**『生きもののパワーを引き出してくる』**という考え方です。しかしながら、他方で、**本質を守りながらも、おそれずに『変えていく』**ことが大切です。変えるべきことと変えないことを見極め、変えるべきことは躊躇しないでどんどん変えていく。新しいことを試してみる。蔵元の社長は、それを許してくれる懐の深い方です。

本当に感謝しています」

特別出演となった岡住修兵さん。当時31～32歳。学生時代に、お客さんとして「ぼでが」で「新政」の酒と出会う。呑んだ新政の酒は、まさに五臓六腑《ごぞうろっぷ》に染み渡るという感覚だった。新政との出会いが岡住さんの人生を変えた。酒が新しい人の縁を創り出した。

「新政」で4年半修業した後、秋田で「稲とアガベ」を立ち上げ、3年後の酒造免許取得を目指す。九州男児でイケメンの彼には、秘めたる野望があった。

「近い将来、どこかで『岡住帝国を建設』します……」

このときに彼の発したメッセージが、日本酒ゴーアラウンドの場で想い起こされることになった。当時は、おもしろいことを言う若者のイメージがあった。しかし、ブレない軸、しっかりとした信念を持った「人物」との印象を受けた。

（4）「稲とアガベ醸造所」（秋田県男鹿《おが》市）——岡住修兵さんの挑戦

岡住修兵さんは、2021年3月、秋田県男鹿市で酒造りの会社「稲とアガベ」を立ち上げ、同年11月には醸造所を開業した。この醸造所は旧JR男鹿駅舎をリノベーションしたもので、レストラン「土と風」が併設されている。自社で造る酒と料理の組み合わせを楽しむことができる。

酒粕など廃棄される食材を活用する食品加工会社「SANABURI FACTORY」をオープンの際にはクラウドファンディングを実施し、「発酵マヨネーズ」などの商品が誕生した。その他オーベルジュ（宿泊もできるレストラン）運営や男鹿産の食材を使ったラーメン開発など、岡住さんの構想は醸造を超え、地域全体の発展へと広がっている。

秋田県は2013年以降、毎年大きく人口が減り続け、2017年には100万人を割り込んだ。男鹿市も同様で、2022年3月末時点では2万5000人ほど。男鹿駅の乗降客も減り、周辺はシャッター通りとなっていた。

ところが、岡住さんは、この状況をむしろチャンスだと思った。醸造所を起点として街づくりができたなら、「シムシティ」（都市経営のシミュレーションゲーム）を実現できるのではないかと考えた。

神戸大学（経営学部）に進学し、所属ゼミで「アントレプレナーシップ」「ベンチャーファイナンス」を学び、「起業家の意義は社会貢献であり、その重要なもののひとつが雇用の創出である」と知った。

大学を卒業する前、休学して勤めたＩＴ会社を半年で辞めた。その反省を踏まえ、好きなことに情熱を傾けられそうな進路を冷静に見極めた。

自分で事業をやるならば、好きなものをということで日本酒を選んだ。海外からみればビジネス的にも未開拓の分野なうえ、輸出額も増えていたからだ。

また、地方の雇用創出という点でも、酒蔵は全国にある。

自ら念願の醸造所を立ち上げた現在、原点に軸を置いた強い思いがある。

雇用者として、従業員の生活を支え、労働環境を整え、独立を支援する。それによって日本酒が面白くなっていくことを信じている。北九州出身でありながら、男鹿に骨を埋めて活性化に尽くす岡住さんを、市もバックアップしている。

神戸での学生時代、進路について考え、好きな酒の世界で仕事がしたいという思いがあった。そして「新政」との出会いが彼の人生の転機となった。新政酒造で働きたい、と本気で決意した。

ちょうど新政酒造が蔵人を募集していたという運にも恵まれ、採用された岡住さんは、２０１４年の春、新政酒造に入社するため、初めて秋田に赴いた。

新政酒造では、主に製麹を中心に酒造りを学んだ。新政酒造杜氏の植松さん（当時）、フランスで日本酒を醸す「WAKAZE《ワカゼ》」の今井さん、「義侠」の足利さん、「飛良泉」の高橋さんと出会い、酒造りの夢を語り合ったという。まさに「人の縁を創るは、酒なり」である。

２０１８年の秋、岡住さんは自ら醸造所を起業する決意を固めた。４年半勤めた新政酒造を卒業する。

お世話になった方々への恩返しの思いもあり、秋田の地で起業をしたいと考えた。

醸造所の候補地を探すと同時に、原料となる米探しに着手した。米作りのことはわかっていなかったので、大潟村の石山農産で自然栽培を学んだ。

そして、１、２年目は見つけた酒米を使った委託醸造を、３年目には自社醸造をするため法人化しようと決意を固めた。「新政」時代の縁で、委託醸造は「土田酒造」（群馬県）が引き受けてくれ、「自社田」の確保も当時からの知人の協力を得た。

醸造所開業に向けて必要な金融機関からの融資を得る交渉には、学生時代に学んだ「ベンチャーファイナンス」の知識が大いに役立った。

2020年3月、直販の委託醸造酒・第一弾（720ミリリットル、3300円）は、800本が即完売し、大きな反響を呼んだ。

同年7月、委託醸造酒・第二弾は800本、翌年3月の委託醸造酒・第三弾は2000本を完売した。

秋田銀行と日本政策金融公庫は、岡住さんの酒の「商品力」を高く評価し、無担保で2億1100万円の融資を決定し、醸造所開業へ大きく近づいた。岡住さんは、地域の活性化への期待を強く感じたという。

秋田で醸造所を開設する前の2020年春、岡住さんは、浅草のどぶろく醸造所「木花之《このはなの》醸造所」の立ち上げに参画し、醸造長に就任した。同醸造所の最大の特徴は、若い醸造家の修業の場としての役割を持っていること。酒造りの全ての工程に携わることができ、商品開発や販売なども経験できること。ノウハウや資金調達の方法も学べる場所であることだ。単なる醸造所ではなく、「若い醸造家を育成する場所」というところに大切な役割・価値を置いている。

岡住さんは新政酒造で酒造りを学び、2021年の春に男鹿市のJR旧駅舎跡地に醸造所を設立した。年間生産量は5000リットルに達する。その醸造所で醸す「稲とアガベ」は、副原料の配合を控えめにし、日本酒から離れ過ぎない香味を意識した初年度のデビュー作。「今後、果実を中心に副原料の幅を広げ、『稲とリンゴ』のような新機軸を打ち出していく」と言う。

2022年には、新しい7つの醸造所で立ち上げた「クラフトサケブリュワリー協会」の会長に就任した。酒造りによる男鹿の地域再生、廃酒粕の再利用をプロダクトづくりに生かす新プロジェクトにも取り組む。

ところで、岡住さんが醸造所で醸している「クラフトサケ」は、米を原料としながらも果実やホップなどの副原料を加えて造るため、厳密に言うと清酒(日本酒)ではない。酒税法上の分類は、「その他醸造酒」になる。実は、副原料を使わないで、いかに酒質の高い酒を造ったとしても、岡住さんの酒を「国内」で「日本酒」として販売することはできない。

国税庁が、国内販売を前提とした清酒製造免許の新規発行を認めていないからである。

たしかに、２０２1年春、旺盛な海外需要を受け、日本酒を「海外」に販売する免許（「**輸出用清酒の製造免許**」）の規制が緩和・解禁された。岡住さんも、既に免許を取得している。

しかし、国内販売は、依然として規制されたままである。副原料を加えた「その他醸造酒」として国内販売するしか途がない状況に変わりはない。

日本酒業界を活性化し、日本酒造りに情熱を傾ける若い蔵人達の希望・熱意が報いられるように、日本「国内」での販売を想定した「清酒製造免許・新規取得」の途が開かれることを切に願ってやまない（第Ⅱ章　こぼれ話　３、参照）。

岡住さんは、学生時代に企業経営の基本を学び、「忘れられない酒」と出会った。そして、「日本のどこかに岡住帝国を建設したい」というビジョンは具体化しつつあった。その夢・野望・思いは、秋田県男鹿市の「稲とアガベ」醸造所で現実の姿となった。

ただし、彼のそれは「利他の精神」に根を置いている。男鹿のため、秋田のため、日本酒業界のために、「地域を活性化したい。元気にしたい。起業家として長期的な雇用を生み出したい」と言う。

志の高さ、誠実な人柄、真摯な態度、一途な思いが、新しい人の縁を創り出し、周囲の人の助力・サポートを得て、協働することを可能にするのだろう。

彼が自分の夢・野望・思いを実現するためには、求められる多くのものがあったはずだ。

確かな目標を掲げ、強い意思・ブレない気持ち、段階を踏んで実行していく計画性があった。酒造り、米作り、醸造所開設の準備、段階的な免許取得、関連事業・地域再生プロジェクトの展開など。また、変化を恐れず前に向かっていく勇気、新しいことに飛び込んでいく行動力、地道な努力を継続できる忍耐力が、その思いを具体的な形にしたのだろう。

「秋田に骨を埋める」覚悟で酒造りに取り組む彼の姿を見て、応援したくなる人も少なくない。

前述した男鹿市の菅原市長は、清酒製造免許についても、バックアップを惜しまないと言う。また日本酒（の醸造を可能にする）特区への国との交渉も、全国の自治体と連携することも考えている。

岡住さんも、清酒製造免許の取得は諦めず、秋田県男鹿を『**酒シティ**』にしたいという強い思いがある。

岡住さんにとって、新政酒造社長の佐藤さん、元杜氏の古関さんとの出会いは大きかった。古関さんは、どんどん任せて人を成長させてくれる人。佐藤さんは、理想を追求し、価値を実現する姿勢を持ち、嘘がない人だと言う。彼は2人に学び、出会った蔵人から学び、自分の後進のために新しい道を創ろうとしている。「秋田に恩返しがしたい」という思いがある。

彼の挑戦は、まだまだ今後も続いていくだろう。そのチャレンジを、心から応援したい。

4、人を育み、生きる力を与えるは、酒なり――人は酒場で大人になる

学生時代を終えて、社会に出る。新しい人々と出会う。仕事と出会う。人に揉まれ、仕事で磨かれて人は成長していく。楽しい日、愉快な日、喜びに満ち溢れる日がある。しかし、どうしようもなく哀しい日、苦しい日、辛い日がある。涙が枯れない日もある。不愉快な日、理不尽な日、やるせない日がある。どうしても怒りが収まらず、眠れない日もある。まさに、「禍福は糾《あざな》える縄の如し」、そして「人間万事塞翁が馬」である。

賑やかな宴席もよい。が、酒との穏やかな「対話」が、人を内省させ、人を成長させる。酒との「対話」は多種多様。日替わり、手厳しい日もある。優しい励ましが、心に染みる日もある。私の場合、「対話」の最後はいつも同じ。

「私は、今、ここに、神様のご加護で、生かされて、居る」

「何も生まない。何も考えない。ただ『在る』ことの喜びに浸る」
「無所属の時間が、自分を再生する」

酒は、ときに人の心を躍らせ、煮えたぎらせ、またあるときは安らぎや和らぎを与える。栄養剤、精力剤、カンフル剤となることもあるだろう。鎮痛解熱剤として、心のバランスや平穏を保つ働きをしてくれることもあるだろう。

人を鼓舞・激励してくれることがある。人を育み、生きる力を与えてくれることもある。私自身、酒から多くを学び、酒に多くを救われてきた。

『めざせ！　日本酒の達人——新時代の味と出会う』（山同敦子著／ちくま新書）の最終章で、日本酒（地酒）の造り手55人のプロフィール、語録、醸造哲学などが紹介されている。

その中で、「酒が人を育み、生きる力を与える」趣旨のメッセージが目に留まった。

「竹鶴酒造」（広島県）（その後、茨城県「月の井」酒造）の杜氏、石川達也さんは言う。

「酒の存在する意味は、飲んだ人に生きる力を与えられるところ」

「天の戸」（浅舞酒造：秋田県）の杜氏、森谷康市さんは言う。

「気心の知れた友人のように、それはよかったねと一緒に喜んでくれる。いつまでもくよくよするなよと励ましてくれる。楽しいことが倍になり、つらいことが半分になるお酒」

「飛露喜」（廣木酒造：福島県）の九代目蔵元・杜氏の廣木健司さんは言う。

「めざすのは、濃密感と透明感」

（東日本大震災の直後に）「鎮魂のため、人の幸せのために酒を造ろうと決意しました。夢を語るときにある酒、希望を感じる酒を造り続けます」


２０２３年（令和５年）９月、『杜氏たちの晩酌』というテレビ番組を見ていた。富山県百塚にある「富美菊酒造」（銘酒「羽根屋」を醸す蔵）４代目蔵元で杜氏の羽根敬喜さんが言っていた。

「酒は、一見したところ単なる造られた液体に過ぎません。しかし、酒造りのそれぞれの工程の中に、造っている人の気持ちが織り込まれていく呑み物ではないかと思っています。ものづくりとして、どこまでその本質を極めていけるのか。楽しみに待って頂ける酒を造り続けていくことこそが、自分たちの存在意義ではないかと考えています」

謙虚な姿勢の中にある使命感、こころの奥底に秘められた熱い情熱を感じた。

これまでの人生で、酒には随分とお世話になった。救われたことも少なくない。酒のお陰で「生きていてよかった」と思える時間《とき》があった。酒に育まれ、酒に生きる力を与えてもらった。

「今日も元気だ！　明日も頑張ろう！」

そんな酒への恩返しが、まだ終わっていない。酒との出会い、その後の邂逅《かいこう》について、これまでの「旅」を振り返ってみることにした。

（1）酒との出会い

右手に350ミリリットルの缶ビール（銘柄は覚えていない）、左手にタコの燻製。2月の夜の東京駅。冷え込んでいた。早く酒が呑める大人になりたいと、ちょっぴり背伸びしていた。大学受験が終わった解放感ですっかり脱力していた。初めて自分でアルコール飲料を購入。缶ビールを「酒」と認識していた。「銀河2号」の急行券・B寝台券を購入し、念願の夜汽車に乗った。

当時、東京―大阪間を走っていた夜行列車「銀河2号」。シンプルな青い車両に魅了されていた。神戸への帰路は、どうしても夜行列車にしたかった。新幹線でもない、飛行機でもない、夜行バスでもない、夜行列車で。急行「銀河」は、１９４９年のダイヤ改正で初の愛称付き急行列車として誕生した。「銀河」は、「明星」「彗星」と並んで東京―大阪間の御三家と称され、最盛期の１９６４年頃には7往復まで増発された。東海道新幹線開通後は削減され、１９７５年3月以降は「銀河」１往復となった。当時最新のスハ43系の車両が優先使用され、寝台特急と遜色のないようブルートレイン（20系）化された。その後も東京―大阪間唯一の寝台列車として奮闘してきたが、２００８年（平成20年）のダイヤ改正で運転が終了した。

東京発は22時45分、大阪には翌朝8時に到着予定。解放感で脱力しているのに、念願の夜汽車に乗車できた興奮でとても寝付けそうにない。いよいよ缶ビールとタコ燻の登場だ。

「プシュッ！」

思っていたほどの泡立ちはなかった。ひとくち含んだ。多めに呑み込んだ。

「にが！」「まず！」「どうしてこんなに苦くて不味いものを旨そうに呑むのだろう……」

これが、ビールとの正式な出会いだった。「ビールは酒ではない」という人もいるだろう。ともあれアルコール飲料との最初の出会い。期待が大きかっただけに、かなりがっかりした。

不思議なことに、それまで酒やタバコをのみたいとは思わなかった。あまり興味もなかった。幸か不幸か、それまで「酒」の味を教えてくれる「伝道師」に巡り合うこともなかった。

缶ビール1本を呑み干した。最後まで「旨い」とは思えなかった。気分がよくなることもなかった。何となく意識が遠ざかっていくようだった。窓の外はすっかり暗闇。規則正しい列車の音が妙に心地よい。当面ここから動きたくない気分になっていた……。

目覚めた。眠ったことを覚えていないのは、眠っていた証拠なのだろう。外は薄暗いが、間違いなく次の日が始まっていた。ビールの風味に、まだ納得がいかないでいた。

あれから45年。真夏の渇き切った喉に、苦み走ったビールをキンキンの状態に冷やして呑むのは、もう気絶しそうになるほどに旨い。

（2）学生時代

入学早々、同じクラスの学生で集まって呑んだ。さすがに東京の大学。北海道から沖縄まで、圧倒的に地方出身者が多かった。茨城・栃木・群馬・埼玉など関東方面の出身者も少なかったが、東京都内の出身者の数は僅少だった。

宴席で、瓶ビールは抵抗なく何本でも呑めた。瓶ビールだけをひたすら呑み続けた。何本目か（覚えていない）から、ゆっくりと天井が回転し始めた。

「これが、『酒に酔って目が回る』という現象なのだろうか……」と妙に納得していた。落語の『親子酒』に出てくる親子が見ていた「景色」に近かったのかも知れない。

その後、日本酒を呑み始めた。東京にいても「菊正宗」「大関」は入手しやすかった。

あるとき「國冠（辛口）」と出会った。いずれも淡麗ですっきりとした辛口の酒だったが、特別に「旨い」とは感じなかった。「國冠」は、1832年（天保3年）に川越（埼玉）で創業した酒蔵。大正5年に灘・魚崎郷に進出した。1953年（昭和28年）まで埼玉と灘の2カ所で製造していたが、灘・魚崎郷に集約し、1984年（昭和59年）に社名を国冠酒造に変更した。

1995年（平成7年）の阪神・淡路大震災で酒蔵が倒壊し、「國冠」ブランドは、灘・西郷にある「沢の鶴」が継承して製造販売する。帰神した後、「國冠」に出会う機会がなくなった。

ところが、「國冠」は、遠く離れた茨城県南東部の「鹿行《ろっこう》」地域で、大衆酒として絶大な人気を誇っているという。「六甲」と「鹿行」は、同じ「ろっこう」と発音する。

不思議な縁を感じる。

日本酒を本当に「旨い」と思って呑んだ記憶がない。当時の酒は、酔うための呑みもの。自棄酒で泥酔し、人の愚かさを自覚させられたのもこの頃だった（第I章　酒五訓　5、参照）。

また、昨今でこそ社会問題化している「一気呑み」も、当時は普通に行われていた。酒を勧める方も、勧められる側も、「アルコール・ハラスメント」という意識が希薄だった。

2年生の秋、大学の「学研連」研究室のひとつに入室したことで、人間関係が限定・固定化した。大学の授業やゼミに出席している時間や所用のある日以外は、原則として丸1日を研究室の同僚と過ごすことになった。あまりの窮屈さに耐え切れず、入室当時は研究室から足が遠退いた。とうてい模範的な研究室員にはなり得なかったが、野外活動には積極的に参加した。

年に一度、野球大会があった。多摩川の河川敷で2チームに分かれて草野球を楽しんだ。隣のグラウンドで芸能関係者らしき人物を見かけた。谷隼人さんと志穂美悦子さんだった。ジャパン・アクションクラブ（ＪＡＣ）の関係者だったのかも知れない。

谷隼人さんは、テレビの画面で見る通りのイケメンで存在感を放っていた。志穂美悦子さんはキュートで、意外と小柄に見えた。谷隼人さんはサードを守る。速いゴロが飛んできた。全くグラブを掠《かす》ることもなく、ボールは股の間をすり抜けて外野へ……。見事なトンネル・エラーに両チームのベンチが沸く。

無理なお願いを快諾して下さった。お2人と一緒に、1枚の記念写真におさまった。

草野球の後は、定番の宴会。駅に近く、小奇麗な割烹居酒屋の2階座敷を予約していた。予算的に無理はなかった。しかし、あまりにも料理内容はお粗末だった。足元を見られていたのだろう。学生の分際で、利用するような店ではなかったのかも知れない。自棄酒を呑むにも予算がない。「酒が足りない」と不満の声。なんとも後味の悪いお開きとなった。

（3）信金時代

１９９０年（平成2年）に地元の信用金庫に就職した。バブル経済が終焉しかけていた頃だった。残念ながら、何らその恩恵に与《あずか》ることもなく、泡ははじけてブームは去った。１９９０年といえば、純米酒・本醸造酒・吟醸酒など8種類の「特定名称酒」に関するガイドラインを、国が設定した年である（国税庁告示「清酒の製法品質表示基準」）。酒を課税のためではなく、「品質」で分類すべきではないかという声が次第に高まっていた。

そして、１９９２年（平成4年）、ようやく政府は「級別」（特級酒、一級酒、二級酒）を完全に廃止し、日本酒の酒税を、二級酒よりも高く、一級酒よりも安い程度に統一した。

配属された営業店は、住宅街の幹線沿いにあった。土日は休めたが、平日は朝の8時頃に出勤し、夜9時頃まで勤務した。昼休みが普通に取れる日はラッキーだった。当時の金融機関で働く従業員のありふれた日常。勤務する営業店は、ひとり暮らしの自宅から徒歩圏内にあった。通勤時間の短さは有難かったが、自宅と勤務先とを往復するだけの日々は退屈の極み。１日にたまり切ったストレスを吐き出す場もなく、精神の健康状態は崩壊寸前になっていた。

私は、夜の街に出た。仕事が終わった後、わざわざ電車に乗って神戸の繁華街に向かった。まだ純米酒・吟醸酒と出会うことはなかった。街中では、ビールや酎ハイ（焼酎を炭酸水で割ったアルコール飲料）、普通酒（「特定名称酒」に該当しない日本酒）などを置く居酒屋が多かった。醸造アルコールを添加しない純米酒、磨いた米で醸した吟醸酒・大吟醸酒などは、まだ街中に浸透していなかった。

「居酒屋O」に入った。鍵型で奥行きの長いカウンター8席と4人テーブル席が5つの店。ほぼ半分の席が埋まっていた。鍵型カウンターの短い方の席に座った。瓶ビールと「おでん」3品と「イカの刺身」を注文した。店の呑み物メニューに「特定名称酒」の記載はなかった。日本酒を呑みたい気分でもなかった。当夜は姫路本店に向かう予定もなく、ゆっくりと安心して呑めた（第Ⅰ章　酒五訓　5、（3）参照）。

それまでひとりで呑んでいた隣の女が話しかけてきた。「イカの刺身」の話になった。女は佐渡（新潟県）の出身だと言う。

「佐渡の海産物は本当に旨い。特にイカの旨さといったら、もうたまらないよ……」

当時の私は、まだ新潟に行ったことがなかった。しかし、海産物の旨さは容易に想像できた。

話は、「イカの刺身」だけで終わらなかった。

今度は、「あなたの職業を当ててあげようか……」と言ってきた。

大いに好奇心をくすぐられが、どことなく居心地の悪さを感じ始めていた。


女はかなり自信あり気に言い放った。

「あなたは、銀行員か学校の先生でしょう！」

確かに、当時は「銀行員」だった。正式な教員免許は持っていなかったが、以前、塾のアルバイトで中学生を教えていたこともある。


ネクタイをしているかどうかで、ある種の判別は可能だ。

雰囲気のどこかに、職業に特有の堅苦しさを醸し出していたのだろうか……。あるいは、業界特有のストレスをため込んだヤツだと感じ取ったのかも知れない。

女の見立ては、それなりに当たっていた。しかし、酒呑みに生業《なりわい》は無用だ。

酒場に立ち入れば、酒呑みは「ただの酒呑み」でしかない。酒呑み以外に何の属性もない。

そろそろ腹具合がよくなってきたので、私は店を出た。女も私と同時に店を出てきた。

「もう一軒、呑み直そうよ！」と誘ってきた。

「いや悪い！　今夜は、この後、予定があるので……」と言って、足早に駅に向かった。

「人がせっかく一緒に呑もうと言っているのに……んもう」と毒づいてくる。

私が最寄り駅の改札を潜った頃、女の姿は小さくなっていた。

（4）外資系の化学品メーカー時代【1】

1992年（平成4年）7月、34歳で外資系の化学品メーカー（本社：英国）に転職した。広く自動車業界を主な取引先として、愛知県に生産の拠点を置いていた。関西地方（神戸）に本社機能を持ち、所属は総務課（人事を含む）でスタートした。

入社に先立ち、会社は、去っていく前任者の送別と入社予定の私の歓迎を兼ねた食事会（歓送迎会）を、老舗の中華料理店で開いてくれた。これまでにあまり味わったことのない「和やかな空気」を感じた。振り返ってみれば、法律の世界も金融の世界もかなり固苦しい。

「こんな会社もあるんだ……」というのが第一印象。古きよき時代の日本企業の特徴をたくさん残した不思議な「外資系」企業だった。

時代は移ろう。外資系企業、特に化学系企業の合従連衡《がっしょうれんこう》の動きは激しい。数年に一度は、M&A（企業の合併・買収）の動きに翻弄された。企業のオーナーが変われば、「和やかな空気」も一変する。オーナーは何度も変わった。それぞれのオーナーには顕著な特徴があった。よく言えば、成長できる環境にいた。しかし、成長には痛みが伴う。成長速度が早ければ早いほど「成長痛」もまた激しい。

実務経験者として私を中途採用したのだろう。しかし、日常業務のほとんどは、初めて取り組む仕事だった。限られた法律（六法）の小難しい理屈と銀行業務（主に融資関係）の浅い知識・経験しか持ち合わせていなかった。幸いにも、引継ぎのペースは遅かった。遅すぎるほどに丁寧だった。

後でわかったことだが、私のポジションには、それまで人が定着せず、何度も退職と採用を繰り返していた。それなりの理由があった。ワクワクするような刺激的な仕事からは遠かった。組織系統や人間関係にも問題があった。それらを理解・承知の上で、腰を据えて仕事に取り組まなければならない時期にきていることを自覚していた。

しかし、自覚はあってもストレスはたまる。勤務先の本社は、神戸の繁華街にあった。本社に近いＪＲの沿線に、「社員酒場」のような居酒屋があった。本社の中で１日の勤務を終えた従業員だけではなく、出張帰りの従業員もそこに集結していた。１日のストレスを解消する「憩《いこい》の場所」「寛《くつろ》ぎの場所」だったのだろう。

ある日、店の常連だった上司のひとりに連れられて暖簾《のれん》をくぐった。常連客には、社歴の長い先輩が多かった。しかしながら、１９９５年（平成７年）１月17日に発生した阪神淡路大震災で「社員酒場」は倒壊し、店は閉店せざるを得なくなった。

地震で被災した従業員は多かった。が、負傷した者がいなかったのは幸いだった。本社が入居していたビルも、大きく被災した。８階建てビルの１階部分の損傷が最も激しかった。柱のコンクリートは崩れ落ち、鉄骨は剝き出し状態。鉄筋が不気味に湾曲していた。しかし、ビルは成形地に立ち、また柱や床の頑丈さが幸いして倒壊を免れた。

建物の安全性が確認され、ビルへの立ち入りが許された。しかし、目に飛び込んできたのは悲惨な被害の光景だった。大人の男性の身長くらいある大金庫が床になぎ倒されていた。破損した窓ガラスが床一面に散乱。割れて崩れ落ちた壁の合間からは、真冬の澄んだ青空が見えていた。
かろうじて動いている通勤手段を使い、数時間かけて本社に通勤した。鉄道は動いていないので、多くの人が代替バスを使っていた。長い列を作って、バスが来るのを待った。
本社に辿り着いたとしても、帰る時間を考えると、ビルの中にいる時間は限られた。

来る日も来る日も、割れたガラスと廃材の処分に明け暮れる日々が続いた。使用可能な備品・機材と使用不能な廃棄物とを分別した。ビルの許可を得て、使用可能な備品・機材を下の階に移動させた。エレベーターが使用できなかったので、階段に大きな板を乗せて、その上を上手に滑らせて降ろしていった。階段の上部・下部に人が張り付き、見事なチームワークと連携で備品・機材の移動を完了した。

その後、被災したビルは、大補修により復旧できる目途が立った。しかし、補修工事が完了するまでの間、ビルから一旦は退去しなければならない。本社は、比較的被害が軽微だった明石と新神戸のオフィスに分離・移転した。震災から8カ月が経過した同年9月、幸いにも本社は、元のビルへ統合・復旧を果たすことができた。

大震災から2~3年が経過した。繁華街の復旧が徐々に加速する。広い道路沿いから工事は進み、高層ビルにも明るさが戻った。しかし、一歩道路奥の細い道に立ち入ると、倒壊して灯りを失った飲食店の姿が数多く残されていた。本社は元のビルに統合・復旧することができたが、大震災による損傷は大きく、大雨が降ると雨水が天井に浸透してきた。

本社の間接部門は、かつて人事課と総務課が別組織になっていた。私の入社直前に両者が統合され「総務課」となった。よく言えば、仕事の幅が広がった。悪く言えば、会社の「万事《よろず》屋《や》」として、行き場のない雑多な業務をも受け入れざるを得なくなった。定年で退職していく部門長や関連業務の担当者からの引継ぎで、業務範囲は確実に拡大していった。

また、M&A（企業の合併・買収）の動きが出てくれば、法務・財務・税務・ビジネス・人事・環境・不動産について、詳細な「買収監査」（デューデリジェンス：Due Diligence）への協力が求められた。企業の価値やリスクを正確に把握・判断するための不可欠なプロセスだが、事務負担の量は一気に増大する。

大震災から5年が経過した2000年（平成12年）頃、人事・労務・総務・法務に関連して発生する業務の全てを管理職として管掌《かんしょう》する立場になっていた。ストレスは、容赦なく日増しに膨れ上がっていく。心身の健康を維持していくために、ストレスを発散・解消するために何らかの術《すべ》が不可欠だった。

街中で「特定名称酒」（吟醸酒・純米酒など）の姿を普通に見かける時代になっていた。本社に近い居酒屋で、これまで全く味わったことのない日本酒と出会った。感動的な出会いが、大いに気分を転換してくれた。幸いなことに、随分と酒に救われた。

1992年頃は、「越乃寒梅」「久保田」「八海山」「〆張鶴」「上善如水」（新潟県）のような「淡麗辛口」の地酒が全盛の時代。あまり「主張しない」スッキリとした日本酒の人気が高かった。しかし、この頃には日本酒（地酒）の味幅も広がり、「淡麗旨口」「芳醇旨口」「濃醇甘口」「濃醇辛口」など、これまで存在しなかったタイプの日本酒（地酒）が次々と姿を現わした。

なかでも、「十四代《じゅうよんだい》」との出会いは衝撃的だった。

初の出会いは、本社に近い焼鳥屋。他の銘柄の酒よりも、価格は高めに設定されていた。元町・三宮（神戸の中心街）でも、「十四代」を取り扱っている飲食店はかなり限られた。そのなかでの貴重な出会い。出会った以上、「挨拶」して「対話」しないわけにはいかない。「焼鳥」も注文したが、頭から「鶏」は消えた。「十四代」だけが脳内を占拠していた。

「十四代」は決して「辛い」酒ではない。優しい甘みと華やかな芳香。芳醇で旨口だ。しかし、甘みが後を引くことはない。甘みの少し後から酸味が追いかけてくる。バランスが整ったところで、もう甘みは消えている。料理の邪魔をすることもない。ふと思った。

「こんなに斬新な日本酒（地酒）と合わない料理（和食に限らない）はこの世にない」

これまで呑んだことのない日本酒。全く想像すらしていなかった地酒の味・香りに心底から驚き、気持ちは昂《たかぶ》った。１９９３年（平成５年）、高木顕統さん（高木酒造）は25歳のときに「十四代・中取純米酒」を自ら醸した。高木さんご自身が言っている（山同敦子著『日本酒ドラマチック　進化と熱狂の時代』）。

「僕の使命は、自分が旨いと信じる酒を造り続けること。僕にとって酒造りは、商売ではない。芸術作品に取り組むことに近いと考えてます。」

さらに、翌年の１９９４年（平成６年）には「十四代・本丸」を醸す。特別本醸造ながらも、吟醸を思わせる華やかな香りと爽やかな甘み。1升2000円を切る価格（税抜）の安さもあいまって大ブレークした。「淡麗辛口」からの脱却。「芳醇旨口」という革新的な地酒の誕生。その誕生は、斬新な香味の変化、価格設定、蔵元杜氏というあり方（酒蔵の経営者が自ら酒を造る）など、様々な意味での創造・変革、エポック・メイキングとなった。「十四代」の誕生は、日本酒業界を遍《あまね》く揺さぶった（第Ⅱ章　こぼれ話1、（1）「十四代」参照）。

「十四代」との出会いによって、日本酒（地酒）に対する固定観念は完全に崩壊した。と同時に、「日本酒（地酒）の業界に、とんでもないことが興っているのではないか」「まだ見ていない酒、まだ知らない酒、まだ出会ったことのない酒があるのではないか」「もっと探検してみたい。もっと広く、もっと深く探索しなければならない」と、眠っていた金銀の鉱脈を探り当て、高泉質の源泉を掘り当てたかのような気分になっていた。

強い野望に取り憑《つ》かれた。興味・関心・好奇心の虫が激しく疼《うず》いた。

その一方で、「もしかすると、とんでもないモノと出会ってしまったのかも知れない」「底も端も全く見えないような広く深い不気味な世界に足を踏み入れたのかも知れない」という恐怖感をも抱いていた。しかし、未知の世界への期待感やワクワク感は、恐怖感をはるかに凌駕《りょうが》した。迷わずに前へ進もう！「地酒の長旅」が始まった。

しかし当時は、スマホもまだ普及していない時代、現在のようなSNSもない時代だった。入手できる日本酒（地酒）や居酒屋の評価・情報も限られていた。同じような趣味をもつ知人・友人との情報交換は有難かった。旬の日本酒（地酒）を取扱った情報誌が徐々に増えていた。地酒アンテナの感度・精度を上げて街中を歩いた。1日の仕事が終わると、酒呑みの経験・勘・度胸を頼りに、街中の居酒屋をフラフラと探訪した。

本社に近い路地裏に「ゆず」という小さな居酒屋があった（今はない）。店主ひとりで切り盛りするカウンター7席の店。神戸では名の知れた割烹の板前さんが、独立して開店した。何度か通ううちに馴染みの客になった。旬の焼き魚・刺身と地酒で、ストレスが溶けた。ぶりかま・秋刀魚《さんま》の塩焼き、明石の鯛《たい》・蛸《たこ》、城崎の蟹《かに》の刺身、カワハギの刺身と肝醤油、のれそれ（アナゴの稚魚）のポン酢など、料理はその日のお任せ。

地酒の香味は、店主と好みが近かった。「出羽桜」（山形）、「石鎚」（愛媛）、「小鼓」「竹泉」（兵庫）などの冷酒を「津軽びいどろ」の美しい酒器で呑ませてくれた。

会社を去ってからは訪問頻度が少なくなってしまったが、旬の魚と地酒「嘉市」の店主さん、和酒バー「醸し屋」の店主さんとの付き合いも長くなった。瀬戸内の魚と無濾過生原酒で魅了する「栄ゐ田」、必ず未知の銘酒と出会う「献《けん》」でも、新しい発見と感動があった。さつま料理（とんこつ、きびなご、さつま揚げ、さつま汁など）とさつま焼酎の店「さつま道場」では、昔（私が生まれる前）の神戸について、ご主人と話をするのが楽しみのひとつになっていた。奥様の陽気な笑顔に癒される日も少なくなかった。

早めに退社した日は、おばんざいと焼酎の店「おがわ」に立ち寄り、枯れた心身に水分とアルコールを緊急補給した。「おがわ」のご主人には、よく叱られた。

「そんなに心身が枯れるまで仕事をしてはいけません」

その後も「十四代」と何度か出会う機会があった。「十四代」には多くの種類がある。全てを呑んだわけではないが、共通の香味・独特の「クセ」があるような気がする。

しかし、いつどこで出会っても「十四代」の酒質は安定していた。「十四代」以外では、「東洋美人」（山口県：澄川酒造）の芳醇な香りと豊かな味わいが「十四代」を彷彿させた。

杜氏の澄川宣史さん（東洋美人）と高木顕統さん（高木酒造）との緊密なつながりとも無関

係ではない。「獺祭」「而今」など極めて酒質の高い美酒が、業界で次々と誕生していた。

酒呑みの経験・勘・度胸を頼りに街中の居酒屋をフラフラと探訪し、こうして「地酒の発掘調査」を続けてきた。その結果、わかったことがある。

・過去10～15年の間に、驚くほど日本酒（地酒）の品質は向上している
・日本酒（地酒）業界では、過去とは隔世の感のある美酒が、次々と誕生している
・全く同じ酒は存在しない。どの地酒にも全て異なる個性・香味の特徴がある
・但し、「十四代」と似たようなフルーティーな香りと甘みのある地酒が増えてきた
・たしかに、旨い酒は増えたが、タイプの違いを楽しむおもしろさが失われてきた気がする

その後も街中での「発掘調査」は続いた。全く未知の香味との邂逅《かいこう》を期待した。

そのような中で、「新政」（秋田県：新政酒造）の地酒が呑める店「日本酒とおばんざい　ぼでが」と出会った。

「ぼでが」は、「**新政**」をはじめ秋田の旨い日本酒を置く。注文した「**亜麻猫**」が、美しい木グラスに注がれた。ひとくち多めに含む。衝撃の香味に驚嘆。全く異次元の地酒だった。酸味が効いていて実に軽快。それでいて、深くて濃い風味。呑みやすくて呑み飽きない地酒だ。

「十四代」のような甘み、芳醇で華やかな香りはない。どちらかと言うと酸味がやや強い。特徴を一言すれば、「味わい深く軽快な呑み口の酒」。これまでに出会ったことのない新しいタイプの酒、全く異次元の地酒に、眠っていたワクワク感が一気に蘇《よみがえ》った。

「亜麻猫」（白麹仕込み特別純米酒・秋田酒小町60％）は、「日本酒用の黄麹と抗菌作用の強い焼酎用の白麹を使い、脱・速醸酵母をめざした意欲作。亜麻は白と黄色を混ぜた色のイメージ。レモンのような爽やかさと、しなやかな甘みを持った軽いタッチ」（山同敦子著『めざせ！日本酒の達人』）の「亜麻猫」は、佐藤社長ご自身が「最も自分らしい酒」と言う。

「亜麻猫」に衝撃を受けた私は、新政酒造の他の銘柄と「挨拶」「対話」しないわけにいかなくなった。その後も「ぼでが」を訪れ、新政の特約店「すみの酒店」にも足しげく通った。「陽乃鳥」「天蛙」「№6」（R-type／S-type）「ラピスラズリ」「コスモス」「エクリュ」「ヴィリジアン」など、いずれも軽快なのに味わいは濃くて深かった。中でも、蔵付天然酵母（6号酵母）をイメージしやすい「№6」は、象徴的な酒だった（第Ⅱ章　こぼれ話1、（2）参照）。

新政の酒と出会い、「対話」していた「ぼでが」での時間・空間が、渇きを癒して人を育み、生きる力を与えてくれた。

新政のことを知りたくなった。新政酒造の佐藤祐輔さんが、インタビューに答えているネットの記事、『新政酒造の流儀』（三才ブックス）などの関係書籍を夢中で読んだ。腹落ちした。目指すのは、濃くて軽い酒だと言う。複雑で濃い酒を造るのに、『生酛』と『木桶』が最適だと語る。低温・長期発酵により「13度という低アルコールの原酒」を実現したことで、軽快な酒を実現したとも言っている。

佐藤祐輔さんは東大文学部を卒業した後、記者・ジャーナリストを経て、実家の酒蔵を継いだ異色の経歴を持つ。蔵に入るまで酒には目もくれず、芸術（音楽・絵）、文学、旅が好きで、表現することが好きだった。8代目として実家を継ぐまで「回り道だらけ」と言うが、その全てが現在の酒造りに活きていると感じる。

２００7年に家業に就いてからは、オール6号酵母、オール秋田県産米、オール純米・山廃酵母を実現した。２０13年には木桶仕込みを開始し、翌年にオール生酛・白麹を使用。２０16年には「鵜養《うやしない》」で酒米の無農薬栽培を開始した。

日本の原風景のような景観を持つ鵜養で、秋田杉を原料に木桶を作る工房、地元産物の直売所、酵母無添加で醸す新しい酒蔵を建てる構想がある（第Ⅱ章　こぼれ話　2、（3）参照）。

米の旨みと豊かな酸の味わいを備える酒、現代的なテイストの軽やかな「新政」の酒は、日本酒業界を再び一段と激しく揺さ振った。

「土田酒造」（群馬県）の星野さん、「稲とアガベ製造所」（秋田県）の岡住さんは、かつて新政酒造で酒造りを学んだ。「仙禽」「而今」「みむろ杉」などの若手蔵人が、「生酛」造りに取り組み「木桶」を導入していることからも、その影響の大きさが窺《うかが》い知れる。

（5）外資系の化学品メーカー時代【2】——海外からの来客に「酒マスター」のように振る舞う

「酒田さん、今夜の『酒のストーリー』について、話をしてくれるかい？」

場所は会社に近い「しゃぶしゃぶレストラン」。1日の会議が終わり、夕食の宴が始まった。

参加者メンバーは、なかなかのヘビー級だった。当時40カ国、従業員3万人（ビジネス全体）のグローバル・グループのCEO（フランス人）、アジア地域のビジネス全般を司《つかさど》る副社長（オランダ人）、北東アジア地域の担当ビジネス副社長（オーストラリア人）、日本法人の社長（日本人）、経理部長（日本人）と私の6名。

フランス人CEOと直接会ったのは、これが初めてだった。宴はビールから始まった。緊張感からか、ビールをグラスに注ぐ手が、どことなくぎこちない動きをしていた。

「酒のストーリー」の依頼主は、何度か来日しているオランダ人でアジア地域の副社長。身長が2メートル近い大男だった。なかなかの威圧感。副社長の隣の席は、なぜかいつも空いていた。

「この席は君のために取っておいた。そろそろ宴を始めることにしよう！」

今夜の私は、有難い指名を頂いたホスト。昼間の会議よりも大切な仕事かも知れない。


北東アジア担当ビジネスのオーストラリア人副社長は、日本酒（地酒）の魅力にトコトン「はまった」ひとり。ある外資系の不動産会社が主催した大規模なパーティーがあった。その席で、私は副社長とその奥様と出会った。副社長は、日本に赴任してまだ日が浅かった。パーティーでは、「福寿《ふくじゅ》」のグリーンボトル（純米・御影郷）が、ワイングラスで振る舞われた。ノーベル賞授賞式で呑まれているのは、純米吟醸のブルーボトル。個人的には、米の味が濃いグリーンボトルが好きだ。副社長は、すっかり日本酒の魅力に取り付かれた。

ちょうどその頃、私は「灘の酒大学」に通っていた（第Ⅰ章　酒五訓3、（1）参照）。副社長には、酒大学の話をおもしろおかしく話した。それが変な「誤解」を生み、私は「酒マスター」と呼ばれる羽目になった。海外からの来客があれば宴席に呼ばれ、「旨い日本酒を紹介してくれる人物」として妙な役割が与えられた。

副社長は、グローバル・グループのメンバーに「酒マスター」の話をしていたようだ。

来日するグループのメンバーは、口々に私を「酒マスター」と呼んで宴席を楽しんでくれた。東京農業大学の醸造科学科を卒業した本当の酒造りのプロ、「酒匠《さかしょう》」の免許を持っている資格者の深い知識・豊かな経験には足元にも及ばない。しかし、日本酒（地酒）の奥深さ・おもしろさ・魅力を国内外の人々に紹介し、その一端でも伝えることができるなら、「酒マスター」らしく振る舞うことも許されるだろう。

「誤解は解かずにおいておこう」。そう考えることにした。

海外からの欧米系の来客は、ほぼ100％アルコール分解酵素を持っている。しかも「日本酒」が呑めることを楽しみに来日する人も多い。特にオランダ人の副社長は、日本での宴席では日本酒を呑むことに決めているようだった。しかし、私の薦める日本酒が彼らの口に合うかどうかは、実際に呑んでみないことにはわからない。ようやく会議の緊張感から解放されたのに、また別の緊張が走る。

レストランの日本酒メニューに目をやる。意外と銘柄の数が少ない。ストーリーを語れるほどの材料に欠ける。困った。レストランの店長に無理なお願いをした。メニューに載っている銘柄に加えて、常温保存の日本酒、冷蔵庫の中にある日本酒の瓶（一升瓶／四合瓶）の全部をテーブルの上に出してもらった。

冷蔵庫の中には、想像を超える品種の酒がそろっていた。比較的香味のおとなしいタイプ（**爽酒**《そうしゅ》）から、香りの高いタイプ（**薫酒**《くんしゅ》）、しっかりとした味わいのあるタイプ（**醇酒**《じゅんしゅ》）、さらに味・香りともに濃醇なタイプ（**熟酒**《じゅくしゅ》）の順に並べてみた。ようやく今夜の「酒のストーリー」の概略ができあがってきた。

ところが、どのタイミングで何を薦めていくのか。呑み手の反応・嗜好を敏感に感じ取り、料理との相性を考えながら、ストーリーの進行具合を微調整していく必要があった。

一般的には、真水のような「淡麗辛口」タイプからスタートするのが無難かも知れない。コース料理の中に淡白な味わいの「白身魚のお造り」が入っている場合は、あまり癖の強くない日本酒の方が相性はよいだろう。メインの「しゃぶしゃぶ」料理に入ると、徐々に味わい深いタイプ（醇酒、さらには熟酒）との相性がよくなっていくかも知れない。但し、これはあくまで一般論で、日本酒（地酒）は、呑み手の嗜好で決まるもの。選択は、全く呑み手の自由である。それは「しゃぶしゃぶ」を「ポン酢ダレ」で頂くのか「胡麻ダレ」で食するのか、というのとあまり変わらない。

オランダ人副社長は、あまり癖の強くない淡麗タイプを好んだ。淡麗辛口タイプの日本酒（地酒）を「JO-ON」で呑みたいと言った。「JO-ON」が「常温」を意味するとわかったとき、酒呑み特有の「こだわり」を見た。冷え過ぎた酒では感じ取りにくい味わいや香りを、常温で楽しみたいという嗜好と理解した。ちなみに、「常温」の酒のことを「冷や」と言う。「温めない酒」という意味で、「冷や」と使っていた時代の名残である。冷蔵庫で冷やした酒は「冷酒」。紛らわしいが、「冷酒」は「冷や」とは異なる。

常温の酒には常温のよさがある。赤ワインが常温になじむというのも理解できる。但し、香りの高い（純米）吟醸・（純米）大吟醸の生酒、無濾過の生酒タイプは、冷蔵保管が大原則。この日は、常温保存できる醸造アルコールを添加したスッキリ辛口タイプの酒が、結果的に本人の嗜好性にうまく合致した。

威圧感も和らぎ、浮かべた満面の笑みを見て、私は肩の荷をそっと下ろした。

5、人の愚かさを知らしめるは、酒なり——呑める幸せ／呑める不幸

（1）【エピソード1】　新井薬師（東京都中野区）・路上にて

上京して2年目の春だった。高校時代の友人赤武は、高校を卒業した後、家族で上京していた。気まじめで人柄もよく、穏やかな好人物だった。が、少し凝り性なところがあって、それがマイナスになることがあったかも知れない。彼は、現役で第一希望の慶應義塾大学を受験したが合格できず、浪人生活を送っていた。翌年、捲土重来を期して同大学を再度受験したが、わずかなところで合格には届かなかった。赤武の気持ちは穏やかではないだろう。彼を呑みに誘った。

当時、私は東京で学生生活を送っていたが、自分の将来の進路のことで悶々としていた。神戸で生まれ、18歳までは神戸で育った。親のお陰で何不自由なく暮らすことができた。言い換えれば、ただ、ぼーっと暮らしていた。特に高校の3年間は全てが中途半端で、煮え切らない自分自身に嫌悪さえ感じていた。あたかも「抜け殻」が学校に通っていたかのように。

赤武とは、高校2~3年生のときに同じクラスになった。彼は、そんな抜け殻状態の私を知る旧友のひとりだった。

私は中央大学の法学部に入学した。ようやくひとつの「目標」を携えて上京したつもりだった。

しかし、なかなか心の整理をつけることができないでいた。法律の勉強、特に「司法試験」の勉強がおもしろくて仕方がない人は、希少だが存在する。そのような人は「法律に向いている」のだろう。試験が難関であろうが(1977年当時、出願者数約3万人、合格者数約500人)、合格に時間を要しない。好きな法律を知的興味に基づいて勉強し、着実に学力をつけていく。試験対策さえ間違えなければ、早急に合格にたどり着く。そのような学究肌の学生は、試験に合格した後、研究者として大学に残るケースも少なくない。しかし、法律の勉強をおもしろいと感じる学生は、それほど多くはない。私も「法律に向いている」学生ではなかった。そのような普通の学生が試験に合格するためには、どうすればよいのだろうか。

知的な興味だけで学力をつけていけるタイプでなければ、「目標」を持つしか方法はない。目標達成に向けて、誰よりも努力を惜しまないこと。強靭な意思と継続的・合理的な努力が求められる。

言うのは簡単だが、実行するのは容易ではない。その中で、わかったことがある。

「努力できること、それはひとつの才能である」


それから40年の歳月を経た今、さらにいろいろなモノが見えてきた。

自身が選択した対象に、どれだけ情熱を注ぎ込めるかで人生の行方は大きく変わる。

どれほど熱く対象にのめり込めるか。あたかも「狂気」のように……。

情熱の総量こそが、人生の行方を大きく決定づけるのではないだろうか。

還暦を過ぎて過去を振り返ったとき、至らなかった自身の「青い」姿がよく見える。


赤武とは、ＪＲ御茶ノ水駅前の「丸善」で再会した。パチンコ屋「人生劇場」（当時）の隣の定食屋で、「すき焼き定食」を食べながら雑談した。腹ごしらえをした後、新宿に向かった。

5月中旬の土曜日だった。居酒屋で呑もうと店を探したが、行く店はどこもかしこも満員御礼の状態。ようやく空いていた「居酒屋Ｋ」に入った。

酒田「今夜は、何から始めようか」

赤武「やはり最初はビールで……」
酒田・赤武「東京での再会を祝って乾杯！」
酒田「1年ぶりかなぁ……。こうやって東京でまた会えて嬉しいねぇ」
赤武「実家ごと東京に引っ越したので、もう東京が本拠になった。残念だけど、神戸にもう帰る場所がなくなってしまった……」
酒田「そろそろ酒にするか……」
赤武「そうしよう。熱燗、二合徳利で下さい！」
酒田「東京の生活にはもう慣れた？」
赤武「生活には慣れたが、立場が立場なので正直つらい。早く学生になってすっきりとしたいよ」

徐々に、赤武の酒のペースが上がっていく。

赤武「熱燗をもう1本、二合徳利でお願いします！」
赤武「母親が言うんだよ……。まさか2浪するとは思わなかった……って。おまけに『は〜っ』て、ため息までつくんだ……」
さらに、赤武の酒のペースは加速していく。熱燗の追加注文が続く。
酒田「親に言われるのが一番こたえる。これまでも相当に頑張ってきたと思うが……。もうあと一歩のところだったみたいだねぇ」
赤武「うん。早く合格して大学生になりたいよ……」
酒田「俺は一足先に学生になったが、今は将来の進路のことで悩んでいる。悶々とした状態が続いている。当面は気持ちが晴れそうな気もしない。気持ちが重い」
それまで抑え気味になっていた、私の酒のペースが上がり出した。

酒田「高校時代の俺は、赤武も知っている通り煮え切らない3年間を過ごした。不完全燃焼の時代だった。あたかも（自分の）「抜け殻」が通学していたかのように……。そんな18歳までの自身と決別し、新しい自分を創ってみたかった。自分を変えるには『家を出る』しかなかった。高3のある日、偶然に何かの週刊誌か雑誌で見た『下宿生活は合法的な家出だ！』に妙に惹《ひ》かれた。『目標』を携えて上京した。ところが、そこに待っていたのは気おくれしてしまいそうな高い壁だった。今は本当の難しさなど、まだこれっぽっちもわかっていない。でも将来に向けられた漠然とした不安が頭をもたげてきて、少しずつ現実化しているのを感じる。悶々とした日々が続いている。毎日曇り空が続く。気持ちは晴れない……」

2人の前に二合徳利が並び出した。紛らわしいので、呑み終わった徳利には「寝て」もらった。店が空いた徳利を片付けないので、テーブルの上には既に6本の徳利が「寝て」いた。私たちは7本目の熱燗を注文した。

酒田「この酒、ちょっとおかしくないか？」
赤武「うすい。味がない。コレは何か変な酒だ……」

酒田「いや、これは酒ではない。ただの白湯だ！」
赤武「たしかに……単なる湯に間違いない！　全く酒の味がしない！」
酒田「ふざけた真似をしやがる。学生だと思ってなめてやがる。酔っ払ってもわかるぞ！」

これだけ呑んでいても、2人の味覚は確かだった。店員を呼び出して苦情・文句を言った。「本当の酒」が入った7本目の徳利を持って店員がやってきた。お詫びの1品もなかった。勘定を締めたとき、テーブルの上には9本の「寝た」徳利と空になった最後の1本が立っていた。よくもまあ10本も呑んだことだ……。

店を出た。駅に向かった。電車がない。終電に乗り遅れた。致し方なくタクシーに乗った。赤武の家に近い「新井薬師」まで。徐々に世界が回り出した。回転の速度が一気に早まった。誠に不本意なことに、目的地が近付いたところでヤッてしまった。運転手さんは激怒した。怒るのも全く無理はない。私は深謝し、ほうほうの体でタクシーから降りた。
結果的に赤武にも迷惑を掛けてしまった。彼は実家に両親と同居している。
酒田「酔っ払いが、こんな時間にどんな面《つら》を下げて彼の家に行けるだろう……」

さすがに、このままお邪魔することは憚《はばか》れた。

酒田「今夜、これからどうしようか……。5月中旬といっても、さすがに夜は冷える。このまま路上で朝を迎えるのは正直なところ辛い」

赤武からの、あり得ない引き留めを期待しつつも、意を決して彼に言った。

酒田「俺はこのあと何とかするから、ここで別れよう（引き留めを少し期待しつつも）、今日は遅くまで悪かった。来年の春こそ、必ず合格の美酒を交わそう！」
赤武「うん。来春こそ、第一志望の大学に合格して学生になる。じゃーあ」
酒田「じゃーなぁ。あの……いや……ホントに……帰るんかい……」

私はひとり、声にもならない声を上げて赤武の後ろ姿を見送った。彼の置かれている立場、家族との関係、現在の心境を考えると、今日ここに出てきてくれたこと、一緒に話ができただけでも有難い貴重な機会だった。これ以上、彼の心に重い負担をかけてはいけない……。

彼が去った後、しばらくの間、記憶が飛んでいる。その場で泥酔して眠り込んでいたのだろう。

ぶるっと体が震えた。思わぬ寒さで眼を覚ました。夜明けまでには時間があった。

「呑める幸せ」と「呑める不幸」とが、深夜の路上で複雑に交錯した。

新井薬師の駅前から横浜市内にあった自分のアパートまでタクシーで帰った。深夜料金だった。高くついた。

「人の愚かさを知らしめるは、酒なり」

何とも莫迦《ばか》なヤツだとお思いでしょう。たしかに、莫迦には相違ないだろう。しかし、この日の酒は、本当に価値ある酒だった。

２０１１年11月21日、鬼籍に入った天才落語家、７代目・立川談志さんは言った。

「酒は『人間を駄目にするもの』じゃなくて、酒は『人間というものは元々駄目なもんだと教える』んだよ」（KAWADE 夢ムック永久保存版　立川談志『落語の革命家』河出書房新社）。

人の愚かさを知り、その愚かさを知った者同士が触れあったとき、そこに「管鮑之交《かんぽうのまじわり》」が生まれる。

ちなみに、彼は翌年の春、念願の慶應義塾大学（商学部）合格を果たした。苦労した分、合格の喜びも大きかったに違いない。赤武とは現在も交流が続く。東京で就職・結婚した後、現在も東京で幸せに暮らしている。

ただ、あの日のできごとを思い起こすのは、お互いに少し決まりが悪い。

(2)【エピソード2】 京王線東府中・パトカー事件

大学2年生の秋、学術研究団体連合会（学研連）の試験を受け、そのひとつに拾われた。中央大学には、司法試験・公認会計士・税理士等の国家試験合格を目指す複数の団体がある。この年に入室を許された同期生は10人（3年生3人、2年生5人、1年生2人）だった。同学年で入室した2年生5人の中で、廣木とウマが合った。廣木は魅力的な男だった。執筆の才能に恵まれていた。高校時代に応募した作品が懸賞に当選し、アメリカに旅行した経験を持っていた。どこかに作家然とした風貌が漂《ただよ》う。「着流し」を身に付けて一服すれば、芥川龍之介か太宰治を彷彿《ほうふつ》させる風情があった。繊細で人情の機微が理解できる、心の優しい人物だった。

それでいて、大いにユーモアを解した。宴会では、渡辺真知子の『迷い道』を野太い声で絶唱した。

「現在・過去・未来　あの人に逢ったなら
わたしはいつまでも待ってると誰か伝えて
まるで喜劇じゃないの　ひとりでいい気になって
冷めかけたあの人に　意地をはってたなんて
ひとつ曲がり角　ひとつ間違えて　迷い道くねくね　♬♬♬……」

爆笑の渦《うず》。繊細そうに見える風貌が一気に吹き飛んだ。おもしろいヤツだった。大きなギャップが人を魅了した。さぞや女にもモテたに違いない。

廣木の実家は埼玉県内。京王線東府中駅の近くにアパートを借り、大学に通学していた。ある日、東府中駅の近辺で彼と呑んだ。当時の東府中駅近辺には、まだ畑地が残っていた。特急が停車する隣の府中駅とは違って、少し歩けば田園地帯が広がっていた。比較的家賃の安いよい条件の物件が残っていた。しかし、夜になれば早めに店は閉まり、開いている飲食店も限られた。

廣木と居酒屋に入った。ビールと日本酒をシコタマ呑んだ。当時抱えていた心のモヤモヤを存分に吐き出した。同じ立場にいるものにしか、その気持ちを理解することはできない。彼にだけは、正直な気持ちを打ち明けることができた。さぞかし迷惑だったろうが……。

「受験生」の身分から解放されるまで気分が変わることはない。「合格」することでしか解放されることもない。そんな呪縛感、鬱屈した気分で悶々とした日々が続いていた。

たしかに、「学生」の身分があったのは有難かった。しかし、なかなか気持ちを整理できずにいた。とにかく、呑んだ。呑んだ。呑んだ。シコタマ呑んだ。呑まずにはいられなかった。

2人は、居酒屋を出た。居酒屋に近いスナックに入った。今度はウイスキーの水割りをかなり早いペースで呑み続けた。この辺りから記憶が怪しくなってくる。酔客に高度な思考回路の変更など全く期待できない。2人の会話は、同じ「経路」を何度も何度も往復する。場所を変えて好意的な聞き手が増えた。その分、よい気分になってさらに酒が進んだ。

よく言われる「酒のチャンポンはよくない」。本当は、チャンポンすることよりも飲酒量の方が問題なのだろう。チャンポンすれば、呑む酒の量も当然増える。ビールも、日本酒も、ウイスキーも、満遍なくシコタマ呑んだ。ただただ呑んだ。呑んだ。呑み続けた。

まだ意識はあった。前に歩けた。左右に大きく揺れながらも……。


そろそろスナックも閉店時間だ。外に出た。心地よい秋風が吹いていた。私は、真夜中の「メリーゴーランド」に乗っていた。それも平面で回転する木馬ではなかった。空中に浮遊しながら高速で回転していた。なかなか複雑な動きをしていた。意識と無意識の間を行ったりきたりしていた。足が止まった。崩れ落ちた。幸いにも、ゆっくりと崩れたので、痛みはなかった。廣木の呼ぶ声が聞こえた。あの野太い声だった。


廣木「よお！　さかた、さけだ」

「いやいや、違う」

「おい！　さかた、大丈夫か」

酒田「…………」

廣木は、何度も私の頬《ほほ》を叩いた。右の頬を叩いた。今度は、左の頬を叩いた。左右の頬を代わる代わる、何度も何度も叩き続けた。私には意識があった。意識はあるのだが、からだが言うことを聞かない。全く動けない。立ち上がれない。

廣木「おい！　大丈夫か」

酒田「あぁ……」

しばらくの間、沈黙の時間が経過した。相変わらず、夜風が心地よかった。たぶん夜空には満月が出ていたはずだが、意識するには遠すぎた。まもなく車の停車する音が聞こえた。廣木以外の人の気配を感じた。視界には、赤いランプがチカチカと点滅している。パトカーだった。サイレンは鳴っていなかった。暗闇の中、パトカーの赤色灯《せきしょくとう》だけが妙に眩《まぶ》しかった。

酒田「これから、パトカーに乗るのだろうか……」

（こいつは、ちょっと厄介なことになってきたぞ……）

翌朝、目覚めると、私は廣木の下宿にいた。残っている記憶の断片を少しずつつなぎ合わせてみた。が、事情の詳細はともかく、まずは彼に深く詫びて大いに感謝した。

酒田「昨晩は申し訳なかった。大変に迷惑をかけてしまった。助かった。本当に有難う」

しかし、私には、何度も頬を叩かれたことと、パトカーの赤色灯のことしか記憶にない。それ以外の記憶は全て飛んでいる。「新井薬師」に次いで人生で二度目の泥酔事件だ。なかなか懲りないヤツだ。私には幸せな一夜、廣木には迷惑千万な一夜だったに違いない。

私には、どうも気になることがいくつかあった。

酒田「パトカーに乗って、この下宿まで運ばれたということか……」
廣木「そうだ」
酒田「俺は、何か刑事事件でも起こしたようなことはないよなぁ……」
廣木「それはない」
酒田「酔って誰かを殴ったというようなことはないよなぁ……」
廣木「そんなことはなかった」
酒田「お店の中で暴れて備品や食器を壊したというようなこともないよなぁ……」

廣木「大丈夫だ。そんなことは何もない。陽気に呑んでいた。もし事件を起こしていたら、俺もお前も今日ここにはいられなかっただろう……」
酒田「そうか……。それを聞いて少し安心した。そんなに酒癖が悪い方ではない……。陽気になって饒舌になり、歌い出すことはあっても……。美しくもない臀部《でんぶ》を出して踊り出すこともない……（当時、知人にそんなヤツがいた）」

大きな不安は消えたが、まだ気になることがあった。

酒田「俺は、泥酔して全く動けなくなった。あの時間あの場所ではタクシーも拾えない。厄介・迷惑をかけた身で言うのも何だが、体調不良・急性アルコール中毒の可能性を考えたら、救急車を呼んでも良かったような気もするんだが……。パトカーを呼んでくれたのには何か理由があったの？　いや、救急車に乗りたかったわけでもないし、深謝の気持ちに何も変わりはない。気を悪くしないでほしい……」
廣木「……実は、俺の親父は、現職の警察官なんだ」

１９７８年（昭和53年）のできごと。あれから46年の歳月が流れた。大らかな時代だった。日本全体が右肩上がりで、活力のあるよい時代だった。東京には今も昔も全国から多くの人々が集まる。「よそ者」を受け入れる寛容な土壌がある。東京の人は情が薄いと言われる。しかし、在京8年半の間、多くの人々の温かい情に触れた。そして、当時の私には「学生」という貴重な身分があった。

酒は天からのよい授かりもので、「天《てん》の美禄《びろく》」と称される。また、「酒《さけ》は憂《うれ》いの玉箒《たまぼうき》」とも言われる。

酒は憂い・心配事・悩み事を掃き去ってくれる、すばらしい道具である。しかしながら、呑み過ぎると、たまに厄介なことになる。神戸に戻った後、ある寿司屋のカウンター席で見かけた。

一杯は人、酒を飲み
二杯は酒、酒を飲み
三杯は酒、人を飲む

安土桃山時代の茶人、千利休の名言。今夜の酒は、この辺で止めておこう……。

（3）【エピソード3】姫路・信金の夜間金庫へ

1990年（平成2年）、世間はバブル景気の最終段階に入っていた。幸い、売り手市場が続いていた。人材の募集案件も多く、地方銀行等の金融機関も中途採用の募集を行っていた。その年の7月、地元の金融機関（信用金庫）に正社員として就職・入庫した（それまでは、契約社員・アルバイトで勤務していた）。

信用金庫に入庫して間もなく、大蔵省から金融機関への行政指導（総量規制）の影響が現れ始めた。1986年から続いていたバブル景気が、遂に終わりを迎えた。国内の金融機関は、速やかに一斉に「預金」の金利を下げ始めた。しかし、それに連動するように、自ら「貸金」の金利を下げることはなかった。預金金利は、原則として全ての預金者に共通の利率が適用されている。ところが、貸金金利は融資先の顧客ごとに全く異なる。その詳細は、金融機関と顧客との間のかなり機密性の高い個人情報である。融資の金額、返済期間、これまでの取引実績、顧客の預金額・売上規模・収益性・安定性・成長性・将来性等、多面的な要素を考慮して貸金金利は決定されていた。

景気が一気に後退したことで、それまで適用されていた貸金金利の見直しが、金融機関と顧客との間の厳しい交渉事項になった。顧客からの金利引下げの強い要望と金融機関の譲れない意向との間で、厳しいやり取りが続いた。元来、金融機関の経営は貸金金利と預金金利との「利ざや」で成り立っている（銀行員の給与・賞与もココから出る）。従って、金融機関が貸金金利の引下げに躊躇・抵抗するのは、むしろ当然のことかも知れない。バブル景気の最終段階で、金融機関の実態を内側から見ることができたのは、大変貴重な経験になった。

入庫した信用金庫は姫路を本拠としていた。配属されたのは神戸市内の営業店舗。当時は、法人を中心に多くの融資案件を担当していた。景気が後退し始めた。いかにして適正に利益を確保するか。既に、金融機関にとっても厳しい「冬の時代」が始まっていた。

ところで、預金にも貸金にも所定の金利（利率）が付くが、その金利を計算する計算開始日（初日）と計算終了日（最終日）がある。預金の場合、計算終了日（解約・引出日）は金利計算の対象外となる。つまり、預金を解約した当日は金利が付かない。「片端落《かたはお》とし」と言われている。これに対して、貸金の場合は計算開始日（借りた日）も計算終了日（返済した日）も金利が付く。「両端入れ《りょうはい》」と言われる。

例えば、1月1日に預けた預金を1月7日に引き出した場合、預金金利は6日間しか付かない。しかし、1月1日に借入した貸金を1月7日に返済した場合、7日間の貸金金利が付くことになる。金融機関に有利になるように作られている。もし借入金額が億単位であれば、また金利（利率）如何によっては、たとえ1日であってもその影響は小さくない。仮に、10億円を年利1％で借り入れた場合、年間の利息は1000万円、1日当たりの利息は約2万7400円となる。これは、決して無視できない金額である。このような背景があって「こと」は起きた。

平成の初頭、誰もが金融機関の長時間労働を疑わない状況になっていた。当時、夜7時は夕方5時頃の感覚だった。退社時刻の定時は17時だったが、窓口の預金担当者以外で定時に帰る者は誰もいなかった。通常の退社時刻は夜9時から10時で、10時を過ぎることも珍しくはなかった。朝も8時頃には出勤し、昼休みが普通に取れる日はラッキーだった。大晦日も普通に仕事をしていた。紅白歌合戦をリアルタイムで見ることもなかった。

そんなある日、夜7時半頃、早めに仕事が終わった。すると、当時の支店長に呼ばれた。「完成している融資の稟議書を持って、今から姫路に走ってくれ。書類を本店の夜間金庫へ入れてきてほしい……」

支店長命令に拒否権はない。命令は、これまでにもそれなりの頻度で何度か発令された。稟議書が早く本社に到達すれば、通常は融資の審査・承認もそれだけ早くなる。融資の実行が早まる。1日でも実行が早くなれば、その分の貸金「金利」が付く。万一、稟議書に不備があっても早めに修正ができる。神戸市内の各営業店から姫路本店に書類を回送する社内便もあった。しかし、社内便に乗せると、融資の実行が1日遅れる。1日分の利息を損する。「すぐに姫路に走ってくれ！」には、このような事情があった。

午後7時半頃、稟議書を持って神戸の営業店を出た。1日の仕事疲れもあった。久しぶりに仕事が早く終わった解放感もあった。しかし、何より昼を満足に食べていない空腹感に耐えられなかった。三宮駅で途中下車した。定食屋で早飯を掻《か》き込めばよかった。しかし、たまらなくビールが呑みたくなった。今度は熱燗を呑み出した。空腹がようやく満たされた。すっかりよい気分で居酒屋を出た。三宮駅から元の経路に戻った。姫路駅に向かい、無事に本店の夜間金庫に稟議書を納めた。

当日の全ての任務を完了した。めでたし、めでたし。

……とは、いかなかった。

季節は晩秋だった。肌寒さを感じていた。日ごとに夕暮れも早まる。冬の訪れはもう近い。駅に近い飲食店の明かりの数も徐々に少なくなっていく。帰りの切符を買い、上りホームのベンチに座った。

ふと列車の案内板に眼をやる。

「次の列車の発車時刻は、4時50分」

改めて、時計を見た。まだ23時台だった。もう一度、案内板を見る。

「次の列車の発車時刻は、4時50分」

案内板は、自信たっぷりに、私に語り掛けた。

「何度見ても、変わらないよ」

先程まで、すっかりよい気分になっていただけに、すぐには事情が呑み込めないでいた。

「おい、ちょっと待て、落ち着け、俺」

「もしかして、もしかすると、4時50分というのは、明日の朝のことなのか？」

「明日まで、列車がない……。今日の上り列車は、もう終わり……だ」

「4時50分は、始発の時刻……か」

もう一度、案内板を見た。案内板は、面倒臭そうな顔で言った。

「だから言ったでしょう」

悪夢のような事態に、酔いも一気に醒《さ》める。

「さあ、どうする俺、今夜、これから……」

ローカル線の駅なら、必ず帰りの列車の時刻を確認する。が、大都市圏の列車は、遅れることはあっても待っていれば次がくる。特に人との待ち合わせがなければ頓着《とんちゃく》しない。姫路は大都会。山陽本線は大都市圏を結ぶ基幹本線だ。しかし、もう今日の列車はない……（当時は、まだスマホのない時代だった）。

しぶしぶ駅を出た。駅前をふらふらと歩いた。怪しげな女たちが近付き、声をかけてくる。もう少し歩くと、明るいサウナの看板が眼に入った。からだはすっかり冷え切っている。今度は、駅ホームの案内板よりも少し温かみのあるサウナの看板が語り掛けてきた。

「サウナで冷えたからだを温めて、今晩はぐっすりと眠ったらどう？」

「明朝は早めに起きて、また出直してごらんよ。明日は明日の風が吹くって」

その夜はサウナに入り、カプセルホテルで1泊した。翌朝は「始発」列車に乗って神戸の自宅に戻り、着替えていつも通りに出勤した。何もなかったかのような顔をして。

万一、酔っ払って大切な稟議書をどこかに置き忘れたり、紛失したりしていたら……、と思うと肝を冷やす。リスクの大きな行動だったと、今では深く反省している。実害のなかった失敗談として、密かに葬ってしまいたい。

第Ⅱ章　こぼれ話

1、日本酒業界での二大革命――今日の日本酒ブームを作った酒・人・蔵

旨い日本酒（地酒）が普通に呑める時代になった。戦後間もない頃、米不足の時代に醸造アルコールで薄めた品質の悪い酒（三増酒）が広く出回った。その後の時代も「あまり旨くない酒」の時代が長く続いた。1980年代、一大ブームとなった「淡麗辛口」（新潟県）は、その「アンチ・テーゼ」だった。「淡麗辛口」は、それ以前の酒から見ると大きな「革新」。しかしながら、その後も、国内の日本酒生産量・出荷量の減少に歯止めはかからなかった。国内の日本酒人気は下降し、日本酒業界は典型的な斜陽産業になりつつあった。国内の歴史ある酒蔵の数も年を追うごとに減少し、日本酒造りは危機的な状況になっていた。

そのような日本酒業界に救世主が現われた。高木酒造（山形県）が醸す「十四代」。1993年（平成5年）、高木顕統さんは、25歳のとき「十四代・中取純米酒」を、翌19

94年（平成6年）には「十四代・本丸」を自ら醸した。弾ける香りと生き生きとした旨味や甘みを持つ「芳醇旨口」の地酒。これまで世に存在しなかった地酒の誕生は、斬新な香味の変化に加え、価格設定、蔵元杜氏というあり方（酒蔵の経営者が自ら酒を造る）など、様々な創造・変革を日本酒業界にもたらした。それは紛れもなく、業界を揺るがす「革命」だった。「十四代」の誕生がなければ、今日に至る日本酒（地酒）の進化の足跡はなかっただろう。

そのおよそ15年後、日本酒業界に再び大地殻変動が起こった。震源地は、新政酒造（秋田県）である。

2007年（平成19年）、33歳の佐藤祐輔さんは、ジャーナリストの仕事を終え秋田に帰郷。2012年に新政酒造の社長に就任した。その改革は、常に世を驚かせ影響を与え続けてきた。オール6号酵母（2009年）、オール秋田県産米（2010年）、オール純米（2012年）、木桶仕込導入（2013年）、オール生酛（2014年）、鵜養《うやしない》で無農薬栽培開始（2016年）。独自の山廃酒母の提唱、白麹の使用、原酒で低アルコール実現。新たな「革命」だった。

白麹を酒母造りに使用した酸味の強い「亜麻猫」（2009年）、生酛系酒母で酸度の高い生酒「№6」（2011年）のような、あまりにも斬新すぎる香味の「作品」は賛否の激論を呼んだ。

しかし、各地の蔵で酒を醸す若い杜氏を刺激し、地酒ファンを徐々に確実に増やしていった。

高木酒造の高木さん、新政酒造の佐藤さんには、いくつかの共通点がある。

過去のある時期に旨いと感じる酒と出会い、「こんな酒を自ら醸したい」というイメージを抱き続けていたこと。そのような酒との出会いが、その後の酒造りへの意識や人生そのものを大きく変える転機になったこと。それまで世に存在しなかった斬新な香味の酒を、まさに「命懸け」で醸そうと尽力してきたこと。自身の味覚・嗅覚を信じ、「自分が本当に旨いと感じる香味の酒」にこだわり続けたこと。「十四代」（高木酒造）、「亜麻猫」「No.６」（新政酒造）という「作品」で、遂にその思いを実現し得たこと。

以下では、高木酒造、新政酒造の酒造りの特徴・哲学・こだわりについて触れてみたい。

（1）高木酒造（山形県）の高木顕統さん（２０２３年4月に15代目・高木辰五郎を襲名）が醸す王道の酒「十四代」

１９９０年代の後半、神戸の街で初めて「十四代」と出会った。それまで「日本酒が旨い」と心底から思って呑んだ記憶がない。それだけに、出会いの衝撃はあまりにも甚大だった。

「弾ける香りと生き生きとした旨味や甘味のある酒」に心は躍り、激しく沸き立った。

もし「十四代」との出会いがなければ、日本酒（地酒）の世界に魅せられることもなかった。

衝撃の出会いから30年の月日が流れた。その間も、何度か「十四代」との挨拶・対話の機会を重ねてきた。いつ・どこで出会っても「十四代」は「十四代」だった。独特の「クセ」（ラ・フランスやライチのような香り）に変化はなかった。それでいて飽きることも陳腐化することもない。「出会うたびに旨くなる」と言っても決して過言ではない。王道の道を歩みつつ、今もなお、酒造りの技術が進化し続けているからだろう。それを支える情熱が、それを可能にしているのかも知れない。

高木さんの酒造りには、「変える点」と「変えない点」が明確に分けられているという。「原料」と「技術」は「変える点」に分類される。

原料の米について。特別本醸造「本丸」は美山錦。3年前から麹米は山田錦、掛米は愛山。大吟醸に使うような高価な米に変えた。

酵母は、あらゆるものを取り寄せて特性を見極め、単独または様々な割合でミックスし、思い描く香りが出せるように挑戦してきた。選び抜いた酵母が、「十四代」特有の芳醇な香を生み出す。

アルコール度数は、18度あった「中取り純米無濾過生」を毎年少しずつ下げ、原酒で15度にした。火入れ酒の落ち着いた味が好きになり、生酒は冬限定にした。

設備については、精度の高い最新鋭の洗米浸漬機を導入した。

他方、先祖代々使われてきた酒母室は「高木家の宝もの」だ。「変えない点」に分類される。


高木酒造、龍泉蔵前の壁に「礼記《らいき》」を引用した社是《しゃぜ》が掲げられている。

「感性を研ぎ澄ませ　聲《こえ》なきを聴き　像なきを視る」

高木さんは、「微生物と毎日対話し、声が聞こえ、姿が見える境地に達することを目指す」と社是を捉え、微生物が心地よく育つ環境整備を徹底する。

冬はひとり麹室にこもり、夏は造った酒の試飲を繰り返す。頭の中は、酒造りのことだけ。

造り始めて20年目の２０１２年8月、高木さんは自宅で倒れて救急搬送される。過労による心室細動だった。一時は心肺停止になるが手術は成功。仕事に復帰できたが無理はできない。優秀な担当医との出会いで命がつながった。担当した心臓医は「十四代」の大ファンだった。

「絶対に死なせてはならないと頑張った」という話を『日本酒ドラマチック―進化と熱狂の時代』（山同敦子著、講談社）で読んだ。

入院した年の冬、彼は社員の負担に心を痛めたと言う。しかし、その年の酒は国内の主な賞を総なめにした。**「和《わ》醸《じょう》良《りょう》酒《しゅ》」**の真の意味**（酒造りに携わる人の和の精神によって良酒が生まれ、その良酒によって、造り手、売り手、呑み手のすべての人に和がもたらされる）**に気付き、そこからは人に任せることができるようになったとも言う。

これからは、次世代につなぐことにも力を注ぎたいと抱負を語る。

高木さんは、唯一の弟子と公言する「東洋美人」（山口県）の澄川さんを首《はじ》めとして、「而今」（三重県）の大西さん、「宝剣」（広島県）の土井さんなど、次世代の多くの酒造家を導き続けている（dancyu　２０２３年３月号　Ｐ60、61および２０２４年３月号　Ｐ14―21）。

２０１２年に緊急入院・手術の後、退院・回復した高木さんが語った言葉は重い。

「死なないで済んだということは、まだやるべきことがあるということ。酒造りは、天から与えられた仕事なんでしょう」（『日本酒ドラマチック』）。

「十四代」には多くの種類がある。私が知り得ただけでも、35種類の「十四代」がある。

純米大吟醸で「龍泉」「白雲去来」「龍月」「七垂二十貫」「龍の落とし子」「酒未来」「雪女神」など12種類がある。大吟醸で「双虹」「黒縄」など4種類、純米吟醸で11種類（山田錦・愛山・雄町・龍の落とし子・酒未来など異なった酒米を使用）、特別純米で3種類、吟醸は1種類、本醸造で「本丸」の2種類、そして、焼酎2種類。

今後は、「純米大吟醸」などの造りを表示しない方針のようである。酒質が極めて高く安定した香味の「十四代」は、年を追うごとに入手が困難となり、「幻の日本酒」と呼ばれるまでになってしまった。

高木さんが目指す酒のイメージは、「米の甘味や旨味を追求し、スマートだけど痩せぎすでなく、艶があって穏やかな酒。日本酒の入り口になり、究極でもある酒」と言う。流行に惑わされない。群れない。妥協しない。信念に基づいて孤高の道を歩み続ける。15代目蔵元・高木辰五郎として「國酒」を造る誇りが、彼をしてそうさせるのだろう。

（2）新政酒造（秋田県）の佐藤祐輔さんが醸す作品「No.6」

私が初めて新政酒造の酒と出会ったのは、神戸三宮にある「日本酒とおばんざい　ぼでが」。

2015年（平成27年）頃のことだった。それなりの銘柄・数の日本酒（地酒）を呑んできた。しかし、出会った「№6」「亜麻猫」は、それまで口にしたことのない異次元の酒だった。これまで呑んできた酒と全く「連続性」がない。酸味は強いが雑味がなく軽快。味わい深く実にバランスがよい。そして、呑み飽きない酒。不思議な日本酒だったが、単純に旨かった。何が違うのか、どうしたらこんな香味の酒が造れるのか、頭の中には疑問符だけが溢れた。

その後、「日本酒ゴーアラウンド神戸」（2016年）で元杜氏の古関さんと「ぽでが」の中で立ち話をし、「発酵トーク at 神戸2020」のイベントで、古関さんから現在の日本酒造りが抱えている問題点・将来展望、新政酒造が果たそうとしている使命などを聞いた。今後の酒造りのあり方、新政酒造の目指す方向性について、漠然とした理解は得られたが、抱いていた疑問の解決には至らなかった。日本酒関連の雑誌の記事で新政酒造の特集を読んだり、佐藤祐輔さんのインタビュー記事を読み続ける中で、少しずつだが、その輪郭が見えてきた。

かつて「西の竹鶴《たけつる》、東の卯兵衛《うへい》」と言われた時代があった。新政酒造の5代目、佐藤卯兵衛さんは天才だった。優れた技術で日本酒業界に絶大な貢献をした。1920～1940年当時、新政は最先端の酒造りで注目を浴び、数々の賞を受賞した。

酒は、新政で採取された蔵付酵母（6号酵母）で醸された（後に「きょうかい6号酵母」として、全国の酒蔵に頒布される）。当時、日本酒は愛される存在。中でも「新政」は輝いていた。佐藤祐輔さんは、この時代をオマージュする。6号酵母のみを使用し、生酛仕込み、木桶仕込みなど、5代目の時代の酒造り、およびそれ以前の伝統製法に回帰する酒造りを推進してきた。

8代目の佐藤祐輔さんは、近代工業と化してしまった日本酒醸造を「酒造りは生命活動だ！」という考え方に巻き戻し、5代目の佐藤卯兵衛さん（祐輔さんの曾祖父）を超えようとしている。（新政酒造の元杜氏、古関さんの言）

ところで、佐藤さんは2007年に実家の新政酒造を継ぐまで、日本酒業界から離れた世界にいた。学生時代から芸術（映画・絵画・音楽）、文学、旅が好きだった。表現することが好きで、大学（英米文学）を卒業した後は、東京でフリーのジャーナリストとして活躍した。同業者のジャーナリストが集まる呑み会に参加したとき「磯自慢・特別本醸造」と出会った。衝撃の出会いだった。日本酒にのめり込んだ。さらに、「醸し人九平次」の雄町・純米吟醸の個性的な「作品」に感涙したと言う。佐藤祐輔さんは、このときに決意を固めた。

酒を造ることで表現者になろう。現代人が魅力的だと思える酒を自分のタッチで描いて、日本酒を復権させることが自身の目指す道だ、と。

佐藤さんは、蔵元の子息が学ぶ酒類総合研究所（広島県）で基礎を身に付け、家業に就いた。（dancyu　２０２２年３月号　P56—63「日本酒界の先頭をひた走る、唯一無二のピュアと信念」）

新政酒造の製造は、「伝統技法の習得の歴史」であり「実験と検証の集大成」だと言う。

現在までの流れを大まかに把握すると、下記の３期に分けることができる。

・６号酵母と秋田県産米への移行期
・純米造りと生酛系酵母への移行期
・木桶仕込み、無農薬栽培米への移行期

また同時に、アルコール度数についての提言が一貫した目的になっている。

江戸時代中期までの酒は、「高い酸度、低いアルコール度数」が特徴的だった。乳酸発酵と蔵付天然酵母のため、酸度は現在の３倍で４・０以上あった。温暖地方のワインに匹敵する。アルコール度数は、強靭な酵母を培養・使用していないので15度も出れば御の字。通常はこれを多くの水で割り、アルコール度数10度以下で飲用していた。

現在の新政の酒は、日本酒が持ち得ていた味の可能性の再構築であり、再評価の取組みだと言えるだろう。

15年を超える新政酒造の改革は、常に世を驚かせ影響を与え続けてきた。日本酒新時代を切り拓いて先頭を走り続ける。しかし、その製法は年を経るに従い、ますます伝統に回帰する。温故知新。酒造りの歴史を学び、酒造りの原点に立ち返る。その上で、修得した伝統技法を駆使して世に存在しなかった酒、時代にふさわしい全く新しい酒を未来に向けて醸す。

新政酒造が目指すのは、「濃くて軽い酒」。複雑で濃い酒を造るのに「生酛」と「木桶」が最適だと言う。また、低温・長期発酵により「13度という低アルコール原酒」を実現した。

新政酒造の「作品」を大別すれば、次の4つのグループに分けることができるだろう。

「No.6《ナンバーシックス》」は、「新政酒造の「生酒」ライン。厳選された酒米で醸される唯一無二の味わい。全商品が生酒であり、製造後から出荷まではマイナス5度の厳戒態勢で鮮度が保たれている。出荷後は3カ月以内の品質保証期間が推奨されている。」酒米の種類や精米歩合が異なる「R-type」「S-type」「X-type」がある。アルコール度数は、原酒で13度。

「Colors《カラーズ》」は、「原料米ごとの特性を楽しめるように造られた火入殺菌酒。すべてが木桶仕込みである。特に耐久性に配慮されており、3~5年以上に及ぶ長期熟成に適す。」新政のベースを創ってきた酒こまちで醸す「エクリュ」、美山錦の「ラピス」、改良信交の「コスモス」、美郷錦の「ヴィリジアン」、陸羽１３２号（愛亀）の「アース」、そして亀の尾の「アッシュ」。精米歩合は、麹米55％、掛米60％の作品が多い。アルコール度数は、すべて原酒で13度。

「PRIVATE LAB《プライベートラボ》」は、「強力な特徴を持った作品が集う新政酒造の実験ライン。」貴醸酒「陽乃鳥《ひのとり》」、白麹で仕込んだ酸味の高い純米酒「亜麻猫《あまねこ》」、低アルコールの発泡純米酒「天蛙《あまがえる》」、低精白純米酒「涅槃龜《にるがめ》」。「天蛙」のアルコール度数は9度以下。「涅槃龜」の精米歩合は88～96％である。

「Astral Plateau《アストラルプラトー》」は、「最高品質の酒米を単一原料とし、技術の粋を集めて醸された少量生産ライン。すべてがおろしたての新桶仕込み、また酵母無添加である。」3作品で構成される。

「農民藝術概論」は、自社栽培の鵜養産無農薬米「陸羽１３２号」で醸された作品。「異端教祖株式会社」は、自社栽培の鵜養産無農薬米「酒こまち」を原料とする。「亜麻猫」の最上級版として構想されたが、その後の進化でまったく別物へと変貌を遂げた。「見えざるピンクのユニコーン」は、最高級の「改良信交」を用いて醸造された貴醸酒。「陽乃鳥」の上級バージョンとして考案されたが、複雑な醸造工程を経て、桁違いの旨味と膨らみを兼ね備える。アルコール度数は、３つの作品のすべてが13度である。

「異端教祖株式会社」は完成後2年以上、「見えざるピンクのユニコーン」は完成後3年間の冷蔵熟成を経てリリースされる（『新政酒造の流儀』――新政の「作品」より）。

ところで、酒造りを「伝統技法の習得の歴史」と考える新政酒造は、一体何を「伝統」と考えているのだろうか。

新政酒造は、常に「伝統回帰と先進性の両立」を目指し、「実験と検証」を繰り返してきた。「酒の香味には伝統がない」と言う。もとより、時代に合わせないとニーズは生まれない。人間の味覚は、「景気」や同時代の「食べ物」といったものに大きな影響を受ける。例えば、景気のよいときは辛口の酒が売れ、景気の悪いときは甘口の酒が売れる。景気が悪いと酒をあまり買えないから、1杯の充実感を求めて甘口の重い酒に人気が出る。景気がよいと酒を呑む量が増えるので、呑みやすく軽い辛口の酒に人気が集まる。

また、江戸時代の中盤から後半にかけて辛口の酒が多くなった。ちょうどこの頃、奄美大島で黒糖の栽培が始まり、料理にも砂糖が入るようになった。その結果、甘口は合わなくなり、酒は辛口に移行した。

新政酒造が考える伝統とは、「**技術の連鎖**」である。

古い技術を土台にしてある技術が生まれる。それを土台にして、また新たな技術が生まれる。伝統とは『**技術と精神の伝承**』であり、一貫した説得力が大切だと言う。プロダクトの味わい・デザインは自由。例えるなら、『技術は種で、味わい・デザインは花のようなもの』。花は毎年咲いて散って、また次の年に咲く。本質的なものは種である。『変えてはいけないこと』と『変えないといけないこと』の2つを取り違えてはいけないと佐藤祐輔さんは語る。

但し、実際に日本酒を造っているのは酵母などの微生物である。人が「主役」ではない。「酒造りの『技術』とは、酵母などの微生物が心地よく働ける環境をいかにして整えてやるかということ」。そう私なりに理解した。「酒造りは、いかに美しく自然を写し取るか」というのが、自然志向の佐藤さんの価値観でもある。

新政酒造は、何を大切にして酒造りをしているのだろうか。

新政酒造は、「酒の旨さより大事なことがある」と断言する酒蔵である。酒の旨さより大切なものがあるのだろうか。それは、一体何なのか。

それは「酒造りの工程」である。酒造りという行為自体が、文化的な価値のあるものでなければならないと言う。

「まずくても美しい酒がある」とも言う。「美しい酒」とは、長い間培われた伝統や格式を重んじながらも、既存の枠組みに対して挑戦し続けた結果、生み出される「作品」を言う。酒造りは、絵を描くことや音楽を奏でることと同様に、美しく文化的な活動である。常に斬新であり、そして個性的でなければならない。

先述の通り、佐藤さんは、芸術（映画・絵画・音楽）、文学、旅が好きだった。それらを通じて「美」を知った。「美しいものとは何か」という審美眼が、教養で養われた。一見、遠回りになったかに見える過去の道が、酒造りの道とみごとに融合した。ひとつの確かな大道を形作った。蓄えられた教養が、今の酒造りの大きな原動力となった。

「表現行為の対象が、芸術、文学、旅から全く異質な日本酒に変わった」という見方もできるだろう。しかし、佐藤さんは一貫して「自分が美しいと感じるもの」を追い求め、現在は「日本酒という『作品』で美を表現し続けている」のではないだろうか。

新政酒造の将来展望は、どこにあるのだろうか。

新政酒造は「伝統発酵産業を育成する会社」だという。

一般的な企業は、科学技術を駆使して新しいものを作っている。しかし、日本酒造りでは、1700年にわたって培われてきた技術の多くが、科学でも全く解明されていない。造り手は、人間のあずかり知らない自然の恩恵の中で仕事をしている。科学で解明されていない伝統技術を保存して、魅力を伝えていくことに取り組んでいこうとしている。

例えば、「木桶仕込み」。ハイテクな容器で造った方が衛生的で管理も容易。しかし、木という素材を使うことで、科学では解明できないようなコントロール不能で複雑な発酵が起こる。木桶仕込みのような伝統技法で製造するとコストはかかる。しかし、酒が主体になり、風土を反映した「個性」的な酒になる。津々浦々の蔵に「多様」な存在意義が生まれ、産業自体が豊かになる。木桶仕込みは、前近代的な手法のようだが、物差しを「持続可能性」に変えれば、実は時代の最先端を走っている。

また「生酛造り」（酒母を作る段階で天然の乳酸菌を育てて取り込む）は、創作活動・アートを表現する神秘的な酒造りの形態だと把握できる。微生物の存在を知らなかった古《いにしえ》の日本人が、いつの間にか発明していたという歴史性・文化性に思いを馳せる。効率・科学・生産性といったものの対極にある秘めた世界に、日本酒文化の未来がある。日本酒は日本文化、いや日本そのものだとする。

新政酒造は、他社と差別化しながら、お互いに伸びていける戦略を取る。培ってきた知見や技術を、今後はさらに業界のために活かしたいという。

今の日本酒業界は、造り手が「個性」や「多様性」の大切さから目をそむけて便利な機械を使い、同じような酒を造って過当競争に陥っている。新政酒造は、日本人が手放してきた宝物を復活して未来につなげるため、各地の蔵元と挑戦したいと考えている。
「木桶仕込み」による発酵、「生酛造り」への挑戦など、伝統回帰と先進性を両立させる新政酒造の酒造りに刺激され、その軌跡をたどろうとする蔵が、ここ数年間で急増している。「仙禽」（栃木県）、「七本槍」（滋賀県）、「而今」（三重県）、「みむろ杉」（奈良県）、「花の香」（熊本県）など、全国各地の20～30代の若い蔵人たちに多大な影響を与えて続けている。

ところで、２０１０年、秋田県で若き蔵元の経営者5名により「NEXT5《ネクストファイブ》」というユニットが結成された。

メンバーは、「ゆきの美人」（秋田醸造）、「春霞」（栗林酒造）、「山本」（山本酒造）、「新政」（新政酒造）、「一白水成」（福禄寿酒造）の5社。当時の秋田酒造界は、杜氏制度が主流。その中で、経営者自らが酒造りを手掛ける30～40代の若手蔵元が集結した。日本酒の消費量が伸び悩む状況に危機感を抱いた仲間が集まり、手を取り合った。技術交流や共同醸造、合同イベントなど、様々な活動を実施。特に、定例の「利き酒会」が酒造技術の向上につながったと言う。「NEXT5」は、斬新で多彩な取組みを重ね、日本酒が秘める大きな可能性を掘り起こし、その魅力を高めてきた。秋田酒のブランド向上、日本酒文化の発展・振興にも大いに貢献した。

しかし、当時は中堅・若手だったメンバーも熟練の域に入り、経営に専念する立場になった。今後は、各蔵で個性的な日本酒造りを目指す方向性が確認された。2024年2月、ひとつの目標を達成した「NEXT5」は、14年弱の活動を休止することになった。

「伝統とは火を保つことであり、灰を崇拝することではない」

オーストリアの作曲家・指揮者、グスタフ・マーラー（1860~1911）の名言。先人たちが遺してくれた素晴らしいもの・技術に感謝しつつ、それを今の時代で輝くよう、さらに最新の叡智や技術で進化させることが大切である。それが先人への恩返しにもなる。日本酒造りは、伝統的な文化である。その火を明るく保ち、勢いのある炎として燃え盛るように、絶えず業界をリニューアルしていける若い力が必要とされているのではないだろうか。日本酒ファンのひとりとして、各地の蔵で酒造りに勤《いそ》しむ蔵人の皆さんを、これからも応援していきたい。そして、彼らを刺激して影響を与え続ける新政酒造の醸す斬新な酒。そこから、眼を離すことができない。

2、新しい潮流―ふたつの革命を経た日本酒業界のこれから

（1）「アルコール度数が低めの原酒」を造る

主なアルコール飲料のアルコール度数（概数）は、ビール5度、ワイン14度、シャンパン12度、焼酎20〜25度、泡盛35度、ウイスキー・ブランデー40度、ウオッカ・ジン・ラム・テキーラ40度以上、コニャック70度、紹興酒16度、白酒50度など。

清酒（日本酒）は、22度未満のアルコール度数でなければならないとされている（酒税法）。22度以上の酒は、清酒ではなく、雑酒やリキュールとして分類される。日本酒には、5度程度の低アルコール酒から20度程度の「原酒」まで存在するが、15度前後（13〜17度）のものが圧倒的に多い。

日本酒は、「並行複発酵《へいこうふくはっこう》」と呼ばれる清酒造り特有の技術で造られる。麹が酒米の「でんぷん」を糖に変える（糖化）。酵母が糖化された米を食べてアルコールと二酸化炭素に分解する（発酵）。「糖化」と「発酵」とが、同じタンクの中で同時並行的に進行する。これが「並行複

発酵」の仕組みである。従って、日本酒のアルコール度数は、酵母の働きで決まる。
日本酒造りの技術は、ワイン（単発酵）やビール（単行複発酵）のそれとは異なる。
また、日本酒はウイスキーや焼酎のような「蒸留酒」と異なり、ワインと同じ「醸造酒」に分類される。ちなみに、「醸造」とは、微生物による「発酵」作用を利用してアルコール類、その他の食品、調味料を造ること。酒・納豆・味噌・醤油・酢などは、「醸造」技術を応用して造られた「発酵」食品である。

一般的に日本酒は、貯蔵後に水を加えることで、アルコール度数が15度前後になるよう調整して造られる。加水工程を「割水《わりみず》」と呼び、割水前の日本酒を「原酒」という。原酒には、日本酒本来の濃厚な香りと味わいが感じられる。米が持つ甘味と旨味が凝縮されている。他面、割水していない分、アルコール度数も高く（19度前後の酒が多い）、日本酒に馴染みのない方にはクセが強く、少々呑みにくいかもしれない。また、アルコール度数の高い酒は、一般的に「辛口」に感じることが多い。オン・ザ・ロックで呑んだり、フルーツやジュースと合わせたカクテルで楽しむ方法もある。

ところで、昨今「アルコール度数が低めの原酒」を見かけることが多くなった。その背景には何があるのだろうか。
例えば、「新政酒造」が目指すのは「濃くて軽い酒」。生酛と木桶が、「複雑で濃い」酒を造るのに最適だという。低温・長期発酵により、原酒で13度という低アルコールの「軽い」酒を実現したという。新政酒造が造っている酒（「作品」）は、半歩先にある消費者の潜在的な需要を先見し、嗜好性を掘り起こしているように思える。今の時代が求めている酒は、「生・原酒なのに呑み疲れしないような軽快な日本酒」ではないかという気がしている。

味わい以外にもう一点、「酒の耐久性」の問題が指摘されている。アルコール度数の高い方が保存性もよさそうに思われるが、日本酒の場合はそうとも限らない。アルコール度数が15度以上になると、酵母が徐々に死滅していく。酵母の死骸は、麹に含まれるたんぱく質分解酵素の作用でアミノ酸に分解される。アミノ酸のうち硫黄成分を含んだものが、「老香《ひねか》」という劣化臭の原因となる。もっとも、低めのアルコール分で酒を完全発酵させることは非常に難しく、取り組む蔵は少ない（『新政酒造の流儀』より）。

「十四代」を醸す「高木酒造」でも同じ動きがある。鮮烈レビューを飾った「中取り純米無濾過生」は当初18度近かった。毎年アルコール度数を下げ、原酒で15度になった。高木さんご自身が最も旨いと感じる度数にしたという。（dancyu　2024年3月号「王道の日本酒」）

昨今、話題になっている低アルコール日本酒（地酒）がある。

「風の森」（奈良県：油長酒造）ALPHA 1は、原酒で14度。ALPHAシリーズは、2022年から「菩提酛《ぼだいもと》」（日本最古の酒母。あらかじめ乳酸菌によって乳酸発酵水の「そやし水」を作り、これを酒母に使う）に変わった。乳酸菌飲料のような爽やかな酸味と複雑な旨味。これまでのフレッシュなガス感・呑みやすさ・爽やかさに加え、ボリューム感・厚みが出た。精米歩合と使用酵母を表わした呼称に統一された（例：657は精米歩合65％で7号酵母使用。全ての瓶の首に付いているステッカーに表示されている）。

2024年3月、新しくなった「風の森」ALPHA 1を呑んだ。大きな変化は感じなかった。しかし、従来の軽快さ・爽やかさに加え、味わいの複雑さが少し増したような気がする。

「雅楽代《うたしろ》」（新潟県：天領盃酒造）日和は、原酒で12・5度。1993年生まれの杜氏、加登仙一さん（全国最年少の蔵元）は、海外で日本文化の魅力に目覚め、中でも日本酒の奥深さに惚れ込んで日本酒業界に参入。自力で資金を調達し既存の酒蔵を買収した。しっかりした味わいがあるのに淡麗でキレがある酒、軽やかで呑み疲れしない酒だと聞いていた。

２０２４年3月に初めて呑んだ。含み香は優しくて甘い。しかしガス感があり、味わいは意外と辛く余韻は短い。アルコール度数は12・5度と低めだが、1合程度ではあまりわからない。

昨今「アルコール度数が低めの原酒」を見かけることが多くなった背景には、消費者に「高アルコール度数離れ」の動きがあるのだろうか。時代が求めているのは、「生・原酒なのに呑み疲れしないような軽快な日本酒」なのかもしれない。アルコール度数が下がることで日本酒への抵抗感がなくなり、垣根が下がる。日本酒を呑む人のすそ野が広がっていくことは、業界にとっても好ましい傾向だろう。

他方「存在感のあるどっしりとした落ち着きのある日本酒」の需要がなくなることはない。いろいろなタイプの日本酒が混在し、様々な嗜好性に応じた銘柄・状況に即した銘柄を選択できるようになることが望ましい。

「人の嗜好性は、品目の多様性があってはじめて満たされる」ものではないかと思う。

（2）できるだけ「削らない米」で旨い酒を造る

日本酒の原料に、コシヒカリなどの食用米が使われることもある。しかし、多くの場合は酒造りのために特別に開発・栽培された「酒造好適米《しゅぞうこうてきまい》」が使用される。

酒造好適米と呼ばれる品種は約90種類。その中で、「山田錦」は酒米の王様だ。しっかりとしたコクと複雑味があり、バランスがとれた酒になる。後味に優れ、熟成させると深みが醸し出されると言われる。兵庫県を中心とした西日本が主産地。中でも、吉川町（現三木市）、東条町（現加東市）の特A地区（2500万～200万年前までにできた地層。凝灰岩または頁《けつ》岩《がん》が風化してできた粘土質の土壌。最高品質の山田錦が栽培される地域）の特上米の山田錦は最高峰とされる。しかし、現在は東北から九州まで広く栽培されるようになり、作付面積は他の酒米よりも圧倒的に広い。

他に、「雄町」（岡山県）、「愛山」（山形県）、「五百万石」（新潟県）、「美山錦」（長野県）、「八反錦」（広島県）、「亀の尾」（山形県）など、酒米には驚くほど多くの種類がある。

米の中心部分は「でんぷん」で構成されているが、外側には「たんぱく質」、「ミネラル」（カリウム・リン酸）、「脂肪」（不飽和脂肪酸）が多く含まれる。飯米としては美味しく、栄養にもなるが、酒造りには好ましい成分ではない。たんぱく質が多く残ると酒の味がくどくなるし、ミネラル分が多過ぎると発酵がうまく進まなくなる。そこで、酒造り用に開発された「縦型精米機」に内蔵された円盤のような形のやすりで米の外側だけを丁寧に削り取る。米を磨く。

より多く削ることで、たんぱく質・ミネラル・脂肪がその分だけ減る。その結果、酒の味は淡白になり、透明感は増し、香りもすっきりとする。米の旨みの少ない、スリムで繊細な味になる。

（純米）吟醸酒なら精米歩合60％以下にまで磨き、（純米）大吟醸なら50％以下にまで磨く。多く磨いた米は、小粒の真珠のように白く美しく艶々と輝く。精米歩合の低さは、雑味のない上質な酒の証だった。他方、より多くの米を削ることになるため、玄米の量が増えて原価率も上がる。原料にコストがかかるため、純米酒・本醸造酒（精米歩合70％）より（純米）吟醸酒（同60％以下）、（純米）大吟醸酒（同50％以下）の方が価格も高い。

ところが昨今、これまでの常識を覆す動きが現われた。あえて米を削らず、玄米に近い米で醸す純米酒（精米歩合80～90％）が続々と登場してきた。その背景には、何があるのだろうか。

第一に、精米の技術が向上したことの影響は大きい。

磨くべき部分（たんぱく質など）をより磨き、残す必要のある部分（でんぷん）を磨きすぎずに精米できる技術が生まれた。１８９６年、東広島市（広島県）で創業した株式会社サタケは、日本で初めて動力式の精米機を開発した会社である。元々は食品に関する様々な機械を製造していたが、「**縦型精米機**」（現在の精米機のスタンダード）を考案するなど精米機のトップメーカーでもある。同社は、従来の「**球形精米**」を改良し、より効率のよい「**扁平精米**《へんぺい》」（近年「**真吟精米**《しんぎん》」と命名）という高い精米技術を開発した。

日本酒の雑味の元となるたんぱく質は、玄米の表面部分に偏っている。従来の精米方法（球形精米）では、玄米の厚さよりも長さを削るため、削るほどに米粒は丸くなる。厚さ方向のたんぱく質を充分に取り除くことができず、逆にでんぷん部分を必要以上に削りすぎていた。株式会社サタケは、２０１８年「扁平精米」（「真吟精米」）技術の実用化に成功し、玄米の形（楕円形）に沿って形を維持したまま削ることができるようになった。極小のラグビーボールをさらに小さくしていくイメージである。厚さ方向のたんぱく質を充分に除去して、でんぷん部分の削りすぎを抑えることができるようになった。

新しい精米技術によって、従来ほど酒米を磨く必要がなくなった。磨かなくてもきれいですっきりとした酒質を実現できるようになった。球形精米で精米歩合が40％の米と同等の香味を、扁平精米では60％の精米歩合で実現できるようになったともいわれる。

第二に、酒米の品質自体が、さらに向上したことが挙げられる。

現代の日本酒は、精米により3割から4割を削った米を使う（精米歩合で60〜70％）のが主流。「原料となる米を削れば削るほど、雑味がなくすっきりとした味になる」と言われてきた。ところが、酒米の品質が向上していくにつれて「磨かなくても旨い酒が造れる」、さらには「むしろ磨き過ぎない方が、米の旨味のある酒が造れる」時代になってきた。


元来、酒造用精米は、雑味の原因となるたんぱく質を落とすのが目的である。その雑味の元凶は主に肥料にある。そこで、たんぱく質含有量の少ない「無肥料米」（自然栽培米）を用いて、精米歩合90％台の超低精白米での酒造りを実践する動きが現われてきた。

「できるだけ削らない酒米」で醸された酒は、味幅が豊かで呑みごたえもある。

詳細については、（3）自社田の「無農薬米」「無肥料米」（自然栽培米）で旨い酒を造る、を参照いただきたい。少なくとも「酒米を磨けば磨くほど旨い酒が造れる」という時代ではなくなってきたと言うことができるだろう。


世界が食糧危機に直面していることも、その背景にある。

ＳＤＧｓの観点から「米をすべて使う酒」を価値軸として明確に打ち出す酒蔵も出てきた。

ところで、「真吟精米」の技術が実用化された結果、従来ほど米を磨かなくても「きれいですっきりとした酒」が造れるようになった。

その結果、酒米よりも粒の小さい食用米（飯米）で旨い日本酒が造れるようになった。精米歩合80％の食用米で、「きれいですっきりとした酒質の酒」を造る蔵が続々と現われてきた。

「磐城壽《いわきことぶき》」（福島県浪江町）を醸す鈴木酒造店。「日本で一番海に近い酒蔵」ともいわれる。２０１１年3月11日に発生した東日本大震災で壊滅的な被害を被った。酒・蔵・看板・酒造りに関するデータの全てを津波で流された。

原発事故により、浪江町への立ち入りができなくなった。幸いにも、福島県の研究所に預けていた酵母で、同年11月、山形県長井市にて酒造りを再開することができた。しかしながら、酒造りに欠かせない水・酒米・気候が、福島県浪江町とは全く異なる。代表の鈴木大介さんの試行錯誤は続いたが、２０１７年に長井蔵で醸造した酒は、全国新酒鑑評会で金賞を受賞。震災から10年を経た２０２１年3月、「道の駅なみえ」に併設する鈴木酒造店は、新しい酒蔵での酒造りを復活させた。

しかし、浪江町は風評被害の影響で、共同精米施設が地元の農家の米を受け入れない事態が続いていた。鈴木さんは、状況を打破するため、浪江町の米を使った酒造りにこだわった。ところが、大震災の後、浪江町の農家は食用米しか作らなくなっていた。食用米での酒造りは、酒米を使った酒造りと比べて難易度が高い。食用米は粒が小さく粘りが強いため、米の味が酒に出にくいと言う。

鈴木さんは、「真吟精米」の導入を決めた。真吟精米という新しい技術の導入によって、酒米で造った酒に全く劣らない「きれいですっきりとした酒」を、地元浪江町の食用米で造ることができるようになった。

「磐城壽」の酒は、地元浪江町の魚介類との相性が特によい。地元の人達は、浪江町での鈴木酒造店の復活を大歓迎した。２０１７年に続き、２０２２年にも全国新酒鑑評会で金賞を受賞した。鈴木さんは、地元福島産の「こしひかり」（食用米）で「磐城壽」を醸す。２０２３年は惜しくも受賞は逃したが、「納得できる酒造りができているという実感がある」と鈴木さんは語っている。

「真吟精米」技術の導入によって、あまり米を磨かなくてもきれいですっきりとした酒が造れるようになった結果、今後どのような事態が予測されるのだろうか。「特定名称酒」の「定義」自体が、揺らいでくることはないのだろうか。日本酒を分類する全く新しい価値基準が生まれてくる可能性はあるのだろうか。

昭和の日本酒は、「級別」（特級酒、一級酒、二級酒）で酒税が異なっていた。平成の初頭、酒は課税のためではなく、「品質」で分類すべきではないかという声が高まってきた。「特定名称酒」

１９９０年（平成2年）、国税庁は純米酒・本醸造酒・吟醸酒など8種類の「特定名称酒」に関するガイドラインを設定。１９９２年（平成4年）、日本酒の「級別」を完全に廃止し、二級酒よりも高く一級酒よりも安い程度に酒税を統一した。新しい日本酒の基準となった「特定名称酒」は、主として「精米歩合」と「醸造アルコール添加の有無」で分類された。

「精米歩合」について言えば、「原料となる米を削れば削るほど、雑味がなくすっきりした日本酒になる」という考え方のもと、（純米）「大吟醸酒」（50％以下）が、最も雑味のない上質な酒とされてきた。極端な例としては、２０１８年に発売された「光明」（山形県：楯の川酒造）の精米歩合は1％、「零響 -Absolute 0-」（宮城県：新澤醸造所）に至っては精米歩合０・85％とされている。精米歩合が、日本酒を分類する際の最高の価値基準となった。

その一方では、精米歩合90％前後といった「あえて米を削らない日本酒」が続々と登場してきた。「新政　涅槃龜《にるがめ》」（秋田県：新政酒造）の精米歩合は88％、「純米90香取」（千葉県：寺田本家）、「シン・ツチダ」（群馬県：土田酒造）の精米歩合は90％である。また昨今では、消費者に先入観なく日本酒を楽しんでほしいとの思いから、あえて精米歩合を公表・記載しない商品も出てきた。

「真吟精米」の技術を導入すれば、理論的には、純米吟醸酒に相当する精米歩合で、純米大吟醸酒に匹敵する（あるいは超える）酒質の日本酒を造ることができる。真吟精米の技術の普及によって、「できるだけ削らない米で旨い酒を造ることができる」時代が訪れた。

今後、従来の「特定名称酒」の基準に当てはまらないような新しいタイプの日本酒を目にする機会が、ますます増えてくるかもしれない。「特定名称酒」（特に精米歩合による分類）を価値基準としてきた日本酒の分類方法が揺らいでいくことになるかもしれない。

「特定名称酒」に代わる、令和時代にふさわしい新たな日本酒の分類基準が出現してくる可能性は高い。

（3）自社田の「無農薬米」「無肥料米」（自然栽培米）で旨い酒を造る

精米技術が進化し、酒米の品質自体が向上したことで、「磨かなくても旨い酒が造れる」ようになり、さらに「むしろ磨きすぎない方が、米の旨味のある酒が造れる」ようになったことに触れた。

そもそも、酒造用精米の目的は、雑味の主たる原因となる「たんぱく質」を落とすことにある。そうだとすれば、酒米に含まれるたんぱく質が少なければ少ないほど、酒米を削る量も減る。

たんぱく質の元凶は、主に肥料にある。そこで、たんぱく質含有量の少ない「無肥料米」（自然栽培米）を用いて、精米歩合90％台の超低精白米での酒造りを実践する動きが現われた。肥料を少なくすることで酒米のたんぱく質を減らし、できるだけ削りを抑えた酒米で、米の旨味が残る優しい酒を造る。

「にいだしぜんしゅ」（福島県：仁井田本家）。自然酒とは、農薬や化学肥料を使わない、自然米（酒米）を醸造して造られる日本酒のこと。自然豊かな福島県郡山市で３１２年続く「仁井田本家」。自然米１００％での１００％純米造り。自然派酒母１００％という手間のかかる製法で、日本酒造りに長年向き合っている。「『造る酒』ではなく、米と微生物の力で『できる酒』」だと言う。日本酒文化を残すため、酒造りを通じて自然の環境を守る「仁井田本家」。老舗酒造でありながら、常に新たな動きを見せる。

酒瓶の飾り気のないラベルと銘柄が気になっていた。旅先でも目に触れる機会があった。2024年2月、「たなか酒店」（兵庫県明石市）で「しぜんしゅ・生酛・しぼり生・酵母無添加（蔵付酵母）・精米歩合85％」（「にいだしぜんしゅ」の一種）を購入した。久し振りの衝撃。「十四代」や「新政」を初めて呑んだときの衝撃とは異なる。地味で優しい衝撃。静かで、穏やかで、緩やか。それでいて深いところまで届く衝撃だった。米の旨みが、じわ～と染みわたってくる酒。

精米歩合85％で、ここまでの味と香りの酒が造れるのだということに驚いた。「ついに日本酒（地酒）は、ここまで来たのか……」。そんな感慨があった。からだによい酒、からだが抵抗なく受け入れてくれる感じの酒だった。

2007年（平成19年）鬼籍に入った気骨の作家、城山三郎さんの好んだ言葉がある。「静かにいく者は健やかにいく。健やかにいく者は遠くまでいく」

元々は、イタリアの経済学者パレートの言葉。歴史と伝統のある酒蔵の中で、いま穏やかで斬新な酒が醸される。静かで穏やかで健やかな酒は、この先も長く遠くまでいくことだろう。
「にいだしぜんしゅ」は、dancyu　2023年3月号（P.28―35）の中で、「自然栽培米で生酛純米酒のみを醸す、気骨のエシカル酒蔵」（エシカル：倫理的＝環境保全・社会に貢献する）として紹介されている。

「人の縁を創るは、酒なり」（第Ⅰ章　3、）の（4）「稲とアガベ醸造所」（秋田県男鹿市）でも触れた通り、代表の岡住さんは、新政酒造で4年間の修業後、大潟村の石山農産で米作りを学んだ。
「肥料を施さない自然栽培で育てられた稲の生命力とサッパリとした綺麗な味の米に感銘を受け、無肥料だからこそ米を磨かなくても雑味の少ない綺麗な味わいの酒にできるのではないか、と磨かない米での美味しさを追求している」（dancyu　2022年3月号　P74―77「酒に生かされた男、岡住修兵さんの挑戦と野望」）。

「無農薬米」については、「新政酒造」の元杜氏古関弘さんが、鵜養《うやしない》（秋田県）の地で無農薬栽培を成功させた取組みを外すことはできない。

「人の縁を創るは酒なり」の「発酵食品イベント」（第Ⅰ章　3、（3））でも触れた新政酒造の元杜氏（製造部門長）の古関弘さん。「新政に古関あり」と全国にその名を轟《とどろ》かせた。古関さんは、8代目社長・佐藤祐輔さんの右腕として、新政酒造の全量生酛化、木桶仕込みの導入などの改革を醸造面で推進した。

2016年（平成28年）のある日、古関さんは、社長の佐藤さんから突然朝礼で言われた。『農・醸一貫化』を果たすため、2017年に原料部門長に就任し、秋田市河辺の鵜養で無農薬・無肥料の酒米作りをしてほしい。5年後、ここに無農薬の米しか使わない蔵を造る、と。杜氏の座を退き、活躍のフィールドを醸造現場から田んぼへとコンバートする衝撃の決定。古関さんは、2カ月間本気で葛藤したし、会社を辞めることも考えた、と言う。ご家族の顔も浮かんだはずだ。しかし、彼は社長からの指示を真に理解して、これを受け入れた。納得してやろうと思えた。社長が仕事の枠を社会に広げろと言ってくれていることに気付けたから、と言っている。（『新政酒造の流儀』より）

しかしながら、「環境とものづくりの調和」は容易ではなかった。草取りや際限なく発生し続ける病気（いもち病など）に悩まされた。「農薬を使わないということは、その環境すべてを表現できること」。また、鵜養の素材・季節・人・目の前にあるモノを、どう組み合わせて取り出すかというところに、杜氏としての自分の個性やセンスが出るのだと言う。
しかし、それは虫・微生物・菌や天候が稲に及ぼす影響を抑制できなくなることでもある。古関さんは、新政酒造の原点、鵜養で農・醸一貫化を目指す目的を、杜氏時代に養った視点から考えた。

農薬も化学肥料もない時代に、鵜養で主流だった米があるはずだ。農薬も化学肥料も存在しなかった時代の最高の品種と組み合わせれば、うまくいくのではないか、と。

古関さんは、90歳を超える鵜養の師匠に、子供の頃にあった米の品種を訊いた。その答えが「陸羽132号」（通称：愛亀）だった。新政の作品「農民藝術概論」や「アース」にも使用されている。無農薬栽培に挑戦した初年度は上手くいかなかったが、2年目にして無農薬米の栽培を成功させた。2015年当時、鵜養の圃場《ほじょう》は、飯米含めて20町歩（1町歩＝3000坪）にも満たなかった。しかし、2023年秋、30町歩の圃場で無農薬栽培の酒米が実った。景色はガラッと変わった。
「酒米の無農薬田が30町歩に達したら、鵜養に酒蔵を新設しよう」という社長の夢は、古関さん、地域の方々の頑張りによって、遂に叶えられる日がやってきた。

ところで、鶉養の地で、「農・醸一貫化」を目指す目的はどこにあるのだろうか。それは、「地域の方々と一緒に鶉養を無農薬栽培の郷《さと》に変えること」。ケミカルを排除し、米と水と微生物と人が造る日本酒を再構築しようとする新政酒造の理念とも合致する。そのためには、地域の方々の信頼を得て、地域に受け入れられなければならない。

古関さんは「無農薬栽培の意味」を地域の方々に愚直に説明し続けたと言う。田んぼは歴史。命をつなぐために先祖代々が心を込めて耕してきた田んぼだということ。代々受け継がれた美しい田んぼから、鶉養の風土そのものが詰まった米を作りたい。そこに農薬は介在しない方が美しい、と。

また、信頼を得るためには、地域の方々から仲間と思ってもらう必要がある。古関さんは、鶉養に移住し、町内会にも入った。仲間として受け入れられると、物事を変えるパワーが生まれる（彼は「奇跡のサイクル」と呼ぶ）。「奇跡のサイクル」を作り、最初の回転を生み出すのが自分の仕事だと言う。

鵜養の地で、酒米の無農薬田を30町歩にするという夢を実現した。新政酒造の今後の目標はどこにあるのだろうか。

鵜養に、世の中にあるべき理想の酒蔵を新設するのが究極の目標。秋田市と官民合同のスキームで進めていきながら、農業施設を獲得し木桶工房を設立する。そのための人的資源、物理的資源、原料を供給する山の資源、販売・消費する経済規模など、すべてのものを徹底的に鵜養に集約する。そうすれば、「酒蔵とは何かの再定義ができるのではないか」と古関さんは語る。

今日に至るまで、古関さんには想像を絶する苦労があったと推測する。

しかし、チャレンジングで手応えもあるので楽しい。寝られなくなるほど不安を抱えながら進めているから楽しい。自分のことがよくわかるようになった。生きることが楽になった。鵜養からもらったギフトだ、と語る。

制御しえない自然環境を相手に取り組んできた苦労と確かな手応え。未来への希望の光、夢の実現が見えてきた喜び。「環境とものづくりの調和」の最前線で苦闘してきた者にしかわからない矜持なのかもしれない。

「発酵は、そこにあるものを整え、魅力を引き出し、かっこいいと言わせる力を持っている。

これからの時代の農業や地方の集落にとって希望の光になるのが新政の責任です」と言う。

秋田市文化創造館でのインタビューの中で、酒造りについて古関さん（新政酒造在職時）の思いを見つけた。

「優しいお酒が造りたいだけです。年ごとに季節の有り様が変わる、お米を作る人間も変わる、摂理も変わる、社長からは新しいアイディアが出てくる。どんな素材が目の前に来ても、それを美しく発酵させたい。究極的には、人に優しいお酒を造りたい。（中略）美しさじゃないと癒せない心の領域があったり、疲れがあったり、それにそっと手で触れるのが酒で、どういう触りかたをしたいかというと、優しく触れる酒を造りたい」

鵜養の蔵で、完全無農薬の米で醸す古関さんの酒をどうしても呑んでみたい。

3、清酒製造免許・新規取得の高くて厚い壁—若い蔵人の情熱に報いる

「稲とアガベ醸造所」（秋田県男鹿市）での岡住さんの挑戦については、「酒が創る人の縁」として、前に詳しく述べた（第Ⅰ章　酒五訓3、（4）参照）。

「稲とアガベ」以外にも、「haccoba《ハッコウバ》」（福島県）、「ラグーンブリュワリー」（新潟県）のような「クラフトサケ」という新しいジャンルの酒が各地に生まれ、愛好家からも一定の評価を得ている。消費者が「旨い」と感じるクラフトサケという新しいジャンルの酒が生まれたことは、日本酒消費が低迷したままの日本にとって、好転の可能性のひとつにはなるのかも知れない。

ところで、クラフトサケは米を原料とするが、同時に果実やホップなどの副原料を加えて造るため、厳密に言えば「清酒」（日本酒）ではない。清酒（日本酒）とは、「米・米麹・水を原料とし、発酵させて濾過したもの（酒税法第3条）で、アルコール分が22度未満のもの」と定義されているからである。副原料を加えたクラフトサケは、酒税法上は「その他醸造酒」に分類される。日本酒よりも製造の自由度が高く、従来の日本酒にはない味や香りが楽しめるという点で、クラフトサケの世界はおもしろい。

しかしながら、クラフトサケは、若い蔵人達が「本当に」造りたいと思っていたものなのだろうか。答えは「否」。そうだとしたら、彼らが「本当に」造りたいと考えていた（いる）ものは何なのか。それは、米・米麹・水だけを原料とする「清酒」（日本酒）そのものだ。では、彼らは、クラフトサケ以外に、本意とする「清酒」（日本酒）の製造ができているのだろうか。

やはり答えは「否」。どうして、彼らは、「本当に」造りたい「清酒」（日本酒）を造ることができないのだろうか。そこに立ち開《はだ》かっているのが、日本酒を造るための「清酒製造免許」である。**現在でも、国税庁は「清酒製造免許の新規発行」を認めない。**確かに、旺盛な海外需要**を受けて、２０２１年の春からは「輸出用」に限り、清酒製造免許の新規発行が認められるようになった。**しかし、国内販売を想定した新規発行は、依然として固く閉ざされたままの状態である。

その結果、既存蔵の利用・事業承継・Ｍ＆Ａなどの方法によらずに蔵を立ち上げる場合、現在、以下の３つの選択肢がある。

ひとつは、２０２１年４月から申請可能になった輸出用の清酒製造免許を使って、海外販売する方法。「稲とアガベ」も既に輸出用の免許を取得しており、海外（香港）の高級ホテルでは岡住さんの醸した日本酒が呑める。しかし、いかに酒質の高い日本酒を造ったとしても、岡住さんの酒を「国内」で「清酒」（日本酒）として販売することはできない。

もうひとつは、「稲とアガベ」「haccoba」「ラグーンブリュワリー」などのクラフトサケを「その他醸造酒」として国内で販売する方法。「清酒」（日本酒）として国内販売ができないため、「その他醸造酒」として販売されることになる。

最後に、「WAKAZE」のように海外（フランス）で製造し、日本に逆輸入して販売する方法。生姜・山椒・柚子など「ボタニカル」（植物由来）の副原料と日本酒との融合を目指す。ボタニカルの香り・味わいを引き出すために、副原料の投入を「発酵中」に行うという。清酒造りの技術、「並行複発酵」（糖化とアルコール発酵を同一容器内の液中で同時並行的に行う）を想定している。リキュールのように副原料を「発酵後」の香り付けには使用しないという点で、「稲とアガベ」との共通性を感じる。

これまで彼らが醸してきた酒、取り組んできた努力の軌跡、果たしてきた役割は偉大だ。しかしながら、これらの選択肢は、元々彼らが本意としていたものとは思えない。どうしようもない制約の中で、ギリギリのところで選択した道だったのではないだろうか。

そもそも、「清酒製造免許」制度の目的は何なのか。規制の根拠はどこにあるのだろうか。酒造業界には、「**一増一減**」の原則が適用されている。酒造免許の発行は、①事業承継やM&Aなどによる新規免許発行に伴い、既存免許が廃止される場合、②既に清酒製造免許を持つ事業者が、新たな場所に製造場を建てる場合に限定されている（酒税法　第10条・第11条に関する国税庁の法令解釈通達）。

現在、国税庁は「**需給調整**」「**国内市場に基盤を置く既存酒蔵の保護**」を根拠として、清酒製造免許の新規発行を控えている。「簡単に清酒（日本酒）が造れるようになると、国内の市場が荒れてしまう」ということを懸念しているのだろう。

しかしながら、既存の枠組みの中で、日本酒の需要が減り続けること約45年。酒蔵の数が減り続けること約60年。国内・国外を問わず、日本酒業界が今後成長していくためにも、本来の「あるべき姿」が本当に正しく真剣に議論されなければならない。過去から学び、現在を正しく認識・理解して、未来を予測する。これまでの取組みの延長では、日本酒業界はますます廃れてしまうだろう。

「**需給調整**」が、清酒製造免許制度の正当な目的・規制の根拠になるのだろうか。

新規免許の発行を認めると清酒（日本酒）製造が供給過多となり、過当競争で既存の酒蔵が淘汰されてしまい、酒税の確保に支障を来すことを懸念しているのだろう。需要が限られているのに、新たな供給元を創り出すべきではないということかもしれない。

しかしながら、「**需要は新たに掘り起こし創り出していくもの**」である。**新たな需要は、新しい酒蔵の若い蔵人が醸す新しい酒が創り出していくものである。正しい酒造りの伝統を踏まえ、新しい酒造りの哲学に根差し、新しい酒造技術を身に付けた若い製造責任者・杜氏が全国各地の蔵に現れてきた。彼らが醸す高品質の旨い酒が、新しい未来の需要を生み出していく。**

消費者の期待は大きい。清酒製造免許の制度が、新たな需要を生み出していく動きの妨げとなるようなことがあってはならない。「需給調整」を清酒製造免許の目的・規制の根拠とする考え方は後ろ向き・消極的であり、むしろ時代にも逆行する。

同様に「**国内市場に基盤を置く既存酒蔵の保護**」を、清酒製造免許制度の目的・規制の根拠とすることは正当だろうか。

「**適正な競争のない社会は沈滞し、やがて廃れる**」

45年間にわたり日本酒の需要が減り続け、60年間にわたり酒蔵の数が減り続けている。新しい血を入れないで、既存の枠組みの中で酒蔵を保護しようとしてきた結果である。

もうこれ以上、同じことを続けていては清酒業界に明るい未来はない。**時代が求めているものは、伝統を踏まえた新しい技術で醸された斬新な酒、これまでに存在しなかった革新的・創造的な酒である。そのような酒を競って造り、消費者の需要を掘り起こしていく。清酒業界を活性化し、発展に寄与する。そこには、適正な競争こそが不可欠なのである。**

昨今では、酒蔵が相互に技術交流を図り、競って酒質向上に努めているケースも多い。清酒製造免許の新規発行が認められていないため「その他醸造酒」を造っている蔵人が、既存の酒蔵を刺激して活性化し、革新的・創造的な酒造りに貢献しているケースもある。

清酒製造免許制度は、「消極的な」国内既存酒蔵の保護を目的とすべきものではない。国税庁には、清酒業界での創造と革新を牽引し、適正な競争を促す働きこそが強く求められている。新しい酒蔵に生まれた若い血が、沈滞気味の清酒業界を刺激して活性化する。「既存酒蔵の保護」は、適正な競争の「結果」がもたらすものである。既存酒蔵の保護を規制目的として、清酒製造免許の新規取得の可能性（競争の大前提）を一律に排除してしまうことは正当とは言えない。排除されるべきものは「岩盤規制」である。

国税庁が言うような「需給調整」「既存酒蔵の保護」は、清酒製造免許制度の規制「目的」として正当とは思えない。もし仮に、規制目的にある程度の合理性が認められるとしても、「新規の免許発行を全く認めない」（門前払い）といった一律禁止の規制「手段」は、著しく不合理・不相当である。

それでは、清酒製造免許の新規発行は、どうあるべきなのだろうか。「需給調整」や「既存酒蔵の保護」に意味がないと言っているのではない。清酒製造免許の新規発行が、事実上は「一律禁止」になっている点が問題なのである。

法令によって一般には禁止されている行為を、行政官庁が特定の人・特定の場合に解除して認めることを「免許」という。自動車の運転免許の制度を考えれば理解しやすいだろう。

「免許制」である以上、本来一定の「基準」（要件）を満たす酒蔵には新規の清酒製造免許が付与されてしかるべきである。

それでは、酒蔵に清酒製造免許が付与されて然るべき「基準」（要件）とは何だろう。

改めて、「酒類製造免許の要件」（酒税法10条）を確認し、その内容を1．から6．に要約してみた。

清酒製造免許を新規取得するためには、「最低製造数量基準以上であること」（6．）、かつ1．～5．に列挙された拒否要件に該当しないことが必要になる（輸出用に限り、6．が除外）。

1．人的要件：酒税法の免許又はアルコール事業法の許可を取り消された日から3年を経過していない場合、法人の免許取り消しなど前1年以内にその法人の業務執行役員であった者で、当該取消処分の日から3年を経過していない場合ほか（抜粋）

2．場所的要件：正当な理由なく取締り上、不適当と認められる場所に販売場を設置する場合（酒類の製造場又は販売場、酒場、料理店などと同一の場所など）

3．経営基礎要件：経営の基礎が薄弱であると認められる場合（国税・地方税の滞納、銀行取引停止処分、繰越損失の資本金超過、酒類の適正な販売管理体制の構築が明らかでないなど）
4．需給調整要件：酒税の保全上酒類の需給の均衡を維持する必要があるため、免許を与えることが適当でないと認められる場合
5．技術・設備要件：酒類の製造について必要な技術的能力を備えていないと認められる場合又は製造場の設備が不十分と認められる場合
6．最低製造数量基準：製造免許を受けた後1年間の製造見込数量が一定の数量に達していること（最低製造数量基準：清酒やビールは60キロリットル）

問題となるのが、**4．需給調整要件**である。

「酒税の保全上酒類の需給の均衡を維持する必要があるため、免許を与えることが適当でないと認められる場合」と規定されており、免許の付与を拒否される場合が限定されているかのように解される。ところが、**酒税保全上、酒類の需給の均衡を維持する必要性を根拠として、下記1．～4．以外の場合の免許付与は全面的に拒否されている。これが、法運用の実態である。他の要件を充足していたとしても、「需給調整」の名のもとに、清酒製造免許の新規取得が一律・全面的に排除されている。これが、現実の姿なのである。**

1. 既に酒造免許を受けている清酒製造者が企業合理化を図るため、新たに製造場を設置するケース
2. 既に製造免許を受けている清酒製造者が組織の再編（合併・会社分割など）により、新たに製造場を設置するケース
3. 既に製造免許を受けている清酒製造者が瓶詰め用の蔵置場でスパークリング日本酒を製造しようとするケース
4. 輸出のため清酒の製造場を設置するケース

「需給調整」を、現状のまま清酒製造免許の新規発行基準（要件）とすることには、到底賛成できない。もし「需給調整」を基準とするならば、新規酒蔵の供給力、消費者の需要、地域社会への貢献度、新規取得を認める具体的な方法、既存蔵への影響など、**「需給調整」要件自体をさらに細分化して精緻に分析・検討する必要がある**だろう。

そうすれば、厳格な基準を充たして新規取得を認められる酒蔵が必ず出てくるはずである。一律・全面的に排除されている現状は、早急に改善されなければならない。

「需給調整要件」を、さらに具体化するための「基準」をいくつか案出してみた。

1. 蔵創設の理念・目的が適切であること（業界発展に貢献、既存酒蔵との共存など）
2. 適正な清酒製造の技術・過程（並行複発酵）・哲学で製造（「國酒《こくしゅ》」へのこだわり）
3. 清酒の定義・要件（原材料、濾過、絞り、アルコール度数）に合致していること
4. 酒蔵の供給力（酒質の高さ・商品力・マーケティング力など）
5. 「その他醸造酒」販売などでの実績（過去の売上実績など）
6. 市場で期待される消費者の需要（顕在的／潜在的な需要の計測・市場開拓力）
7. 他の酒類製造免許（ビール・ウイスキー・ワインなど）取得の有無
8. 他の清酒製造免許（輸出用免許）取得の有無
9. 地域社会への貢献度（関連ビジネスの展開・新たな雇用の創出など）
10. 新規取得を認める具体的な方法（例：酒シティ構想・日本酒特区など）
11. 総合的な酒蔵の安定性・成長性・発展性・将来性の有無
12. 既存蔵への影響度（必ず、プラス面・マイナス面の両面を分析・検討）

各都道府県の酒造組合・日本酒造組合中央会・国税庁は、少なくとも上記の12の基準をもとに、需給調整の「内実」を細分化・具体化・明確化して審査し、その当否を適正に判断できるようにしていく必要があるだろう。その上で、新しい蔵が需給調整の具体的基準を満たしてい

ると判断した場合、国税庁による清酒製造免許の新規発行が認められて然るべきである（「**免許の新規発行審査**」）。さらに、蔵の創設後一定期間（例えば5年）は、免許取得後隔年ごと（初回は翌年）の「更新審査」が検討されてよいかもしれない（「**免許の更新審査**」）。もし何らかの問題が発生すれば、監督官庁・監督部門からの改善指導が可能になるだろう。

たしかに、「安易に清酒が造れるようになると、国内市場が荒れてしまうのではないか」という懸念は払拭されなければならない。しかし他方、既に清酒製造の「基準」を満たし、何ら既存の酒蔵と遜色がない（むしろ既存酒蔵のレベルを超えている）酒蔵の清酒製造免許の新規発行を、一律に禁止してしまうようなことだけはどうしても避けたい。消費者にも、清酒業界にも、何らプラスになることはない。

もうひとつ、酒税法改正の動向について触れておきたい。

酒税法は、「国の重要な財政収入である酒税の徴収確保」を目的として制定され、酒類製造を一律に免許（製造免許・販売業免許）の対象として、免許を受けることなく酒類を製造・販売する行為を禁止している。昨今、国税庁は、税制を公平でわかりやすくする観点から、法改正により酒税の一本化を進める。２０２３年（令和5年）、２０２６年（令和8年）の法改正もその一環であろう。

２０２３年（令和５年）の酒税法改正は、「『**日本の酒類市場の発展**』と『**消費者の利益**』を考慮した税制の構築」を目的とする。また、酒類の消費を調整する役割（酒類の需給調整・既存酒蔵の保護）を担い、健康や社会的な問題にも配慮すべきものという。「需給調整」や「既存酒蔵の保護」を根拠として、清酒製造免許の新規発行を認めていない国税庁の基本方針とも軌を一にしている。

しかしながら、これらを根拠として清酒製造免許の新規発行を一律に禁止している国税庁の基本方針が不当・不合理であることについては、これまで詳述してきた。**新規発行を一律に禁止することは、帰するところ「日本の酒類市場の発展」「消費者の利益」に全く逆行・背離している。国税庁や日本酒造組合中央会は、その現実をこそ、確《しか》と直視すべきではなかろうか。発想の根本的な転換を図ることに躊躇しているような時間は、もう残されてはいない。**

瑞々《みずみず》しい若さ、溢《あふ》れる情熱、香《かぐわ》しい意欲、強い使命感を備えた若い蔵人から、清酒製造免許を取得できる可能性を一律に奪ってしまっている現状が、本当に「酒類の需給調整」「既存酒蔵の保護」になっているのだろうか。これからの清酒業界の発展に資するのだろうか。

一途な情熱・意欲・使命感をもって日本酒造りに新規参入してくる若い蔵人から、国内での清酒製造免許を取得する道を一律に奪っている現況が、本当に「日本の酒類市場の発展」や「消費者の利益」になっていると言えるのだろうか。

過疎化が進む地方都市を、元気のない日本酒業界を、活性化しようとする新しい希望の光が、各地で誕生し始めている。新しい変化の兆《きざ》しが、日本のあちらこちらで芽吹いてきた。断じて、このような芽を摘んでしまうようなことがあってはならない。もしそのような事態になれば、もう清酒業界に明日はない。

「稲とアガベ醸造所」の岡住さんのように、骨を埋める覚悟で男鹿市（秋田県）を活性化しようと決意し、地元の雇用を創出したいという使命感を持つ若い蔵人の思いを、どうして否定することができようか。

岡住さんの醸造所は、「男鹿の風土を醸す」ことを理念とする。この理念のもと、「日本酒特区の新規創出」「男鹿酒シティ構想」「地域の未来を担う人材の創出」を目指している。

「三つの事業構想の実現は、私たちが死んだ後の男鹿の未来の礎となります。私たちが死んだ後の未来に、世界中の人々が男鹿を酒の聖地として認め、訪れる未来をつくる――そうした強い想いを胸に、お酒を造っています」と代表の岡住さんは言う（「稲とアガベ醸造所」ホームページより）。

私たちがなすべきこと。私たちにできること。

それは、情熱・意欲・使命感を備えた若い蔵人が「本当に」造りたいと思っているものを造れるような社会の仕組みを創り、彼らをサポートすることではないだろうか。

「厳格な」審査基準を満たした新しい酒蔵には、清酒製造免許の新規発行が認められるような柔軟で未来志向の清酒業界、努力の先に明るい希望の光が見える社会を創っていくことではないだろうか。

そのことが、清酒（日本酒）を広く国内で愛される「國酒」とし、海外にも誇れる「世界酒」に押し上げていく「真の道」になるであろうことを信じてやまない。

4、日本酒の「味」と「香り」——辛口の酒は本当に旨いのか？

「酒は辛口に限る」「ツウは辛口を好む」といわれる。「辛口＝上質な酒」という価値観は今も根強く残っている。しかし他方、「甘みのある酒の方が豊かさや深みがある」「甘みのある酒は口当たりがよく、呑みやすい」という声も、昨今ではかなり広がりをみせている。

私が知る過去45年の間、日本酒の世界で酒質は著しく向上した。45年前でも、「三増酒《さんぞうしゅ》」（戦後間もない頃、米不足の時代に醸造アルコールで薄めた品質の悪い酒）と出会うことは少なくなっていた。その後の「淡麗辛口」全盛の時代と比べても、さらに酒の味幅は広がり、豊かな味わい、芳醇な香りのある旨い酒が増えた。「芳醇旨口」「濃醇甘口」「濃醇辛口」など、異なった香味をもった様々なタイプの酒が、次々と誕生してきた。

日本酒は、単に「酔うため」のアルコール飲料ではなくなった。今の日本酒（特に「特定名称酒」）は、「世界中の料理と一緒に、複雑で豊かな香味を楽しむ呑み物」に変わった。

そもそも、日本酒の「味」が「甘い」「辛い」というのは、どのような意味なのだろうか。何が日本酒の「甘さ」や「辛さ」に影響を与えるのだろうか。

日本酒の「味」と「香り」の関係を、どのように理解すればよいのだろうか。日本酒の香味について、地域的な特徴・傾向はあるのだろうか。「辛口の酒は旨い」というのは本当だろうか。
呑み手は何を信じて香味の判断をすればよいのだろうか。

日本酒の「味」が「甘い」「辛い」というのは、どのような意味なのだろうか。

日本酒の「甘い」「辛い」は、その他の食べ物の「甘い」「辛い」とは異なる。糖分・甘みの強い酒を「甘口の酒」といい、糖分・甘みの少ない酒、すっきりとしたドライな味わいの酒、キレのよい酒のことを「辛口の酒」と呼んでいる。「辛口の酒」とは、甘くない（甘みの少ない）酒であり、決して「塩辛い」酒ではないし、唐辛子のような「ピリ辛」な酒でもない。
また、ここで言う「味」とは人が感じる複雑で繊細な「味わい」であり、「甘み」は数値化された「糖度」そのものとも異なる。

人の味覚には、基本味として、「甘味・旨味・酸味・苦味・塩味」があり、補助味として、「渋味・辛味」がある。酒の中にほとんど含まれない「塩味・辛味」を除くと、「甘味・旨味・酸味・苦味・渋味」になる。

これらの中で、「甘味・旨味」のように「滑らかさを与える要素」と「酸味・苦味・渋味」のように「刺激を与える要素」とのバランスで、「味」の「甘い」「辛い」が変わってくる。前者が強ければ「甘い」と感じ、後者が強ければ「辛い」と感じる（**味わいの「要素」の問題**）。味の溶け合いのほか、コク、香り、ガス感でも変わる。

「舌にのせた感触」「のど越しの爽やかさ」「余韻を感じる風味」（**味の感じ方の「変化」の問題**）も重要な要素となる。「甘い」「辛い」の「味」も、それぞれの段階で変化していく。まさに酒は生きもの。これらの様々な要素が複雑に絡み合って、酒の「味」（「甘い」「辛い」）が構成される。

それでは、**日本酒の「甘さ」「辛さ」に影響を与える要素は何なのだろうか。**

日本酒の「甘さ」「辛さ」に影響を与える要素としては、「日本酒度」「酸度」「アミノ酸度」「アルコール度数」が挙げられる。酒のビンに付いている「ラベル」は、言わば「酒の顔」。関連情報が集約されている。また、「香り」「温度」「酒器」（による口当たり）などの要素が複雑に絡み合い、独自の味わいが紡ぎ出される。日本酒の香味は、実に繊細・複雑で奥深い。

まずは、「**日本酒度**」。日本酒度とは、日本酒の比重を表すもの。摂氏15度の清酒に日本酒度計（浮秤《うきばかり》）を浮かせて、水との比重を測定する。純粋の水と同じ重さのモノ（比重1）は、日本酒度がプラスマイナス0となる。それよりも軽いものはプラス、重いものはマイナスとなる。清酒の甘みは糖分に由来し、糖含量が多くなれば比重が大きくなり、日本酒度はマイナスになる。プラスになるほど糖分が少なく辛口に、マイナスになるほど糖分が多く甘口になる。

一般的に、アルコール度数が同じ場合、日本酒度マイナス3・5～マイナス5・9が「甘口」、マイナス1・5～マイナス3・4が「やや甘口」、プラス1・5～プラス3・4が「やや辛口」、プラス3・5～プラス5・9が「辛口」とされる。中には、日本酒度がプラス10を超える日本酒もあり、「超辛口」と呼ばれることもある。

次に、「**酸度**」。酸度とは、日本酒中にどれくらいの酸が含まれているかを表す数値である。乳酸（山廃・生酛造りの酒に多く含まれる）、コハク酸、リンゴ酸、クエン酸の度合を数値化したもの。酸度は、日本酒度とともに、味わいの参考になる数値だ。日本酒の酸味・旨味、香りの元となる重要な成分が有機酸であり、その含有量を相対的に示しているのが酸度である。有機酸が、酒の味を引き締め、キレを生む効果を発揮する。日本酒の酸度は、酸味・旨味・キレの指標とされる。酸度が高いと辛口に感じやすく、濃醇な味わいになる。酸度が低いと甘口に感じやすく、淡麗な味わいになる。
日本酒の酸度は0・5～3・0程度に収まるのが一般的で、1・4～1・6程度が中庸とされる。
酸度が低く日本酒度がプラスだと「淡麗辛口」、酸度が低く日本酒度がマイナスだと「淡麗甘口」、酸度が高く日本酒度がプラスだと「濃醇辛口」、酸度が高く日本酒度がマイナスだと「濃醇甘口」の酒が多い傾向になる。

「アミノ酸度」について。アミノ酸は、日本酒に含まれるアミノ酸の量を数値化したもので、酒の旨味やコクの目安となる。タンパク質を構成する要素のひとつ。日本酒に含まれるアミノ酸は20種類あるとされており、日本酒の酸味、甘味、苦味などの元となる。

昆布などに含まれる旨味成分のグルタミン酸やアスパラギン酸は酸味や渋味に、アルギニンは苦味に、アラミンアラニンは旨味や甘味に関係する。アミノ酸が高い酒は、芳醇でコクがある。が、高過ぎるとくどくて雑味が多くなり、品質低下が早まる。アミノ酸が低い酒は、淡麗ですっきり淡白になる。アミノ酸が適度に含まれる酒は、ふくよかな味わいになる。

ちなみに、酸度とアミノ酸度との一般的な関係については、次のような傾向がある。

酸度が高く、アミノ酸度も高い酒は、濃醇になる。
酸度が高く、アミノ酸度は低い酒は、辛口になる。
酸度が低く、アミノ酸度も低い酒は、淡麗になる。
酸度が低く、アミノ酸度は高い酒は、旨口（甘口）になる。

「**アルコール度数**」についてはどうか。一般的に、アルコール濃度が高いと辛く感じる。日本酒のアルコール度数は15度前後が多い。ラベルに「日本酒」（清酒）と明記されている酒の度数は、すべて22度未満。国内で日本酒として販売できる酒の度数が22度未満と定められているからである（酒税法）。22度以上の場合は、雑酒やリキュールに分類される。日本酒を造る過程でアルコールを生成するためには、糖分（グルコース）を消費する。発酵が終了した時点で、アルコール度数が低い場合は、日本酒度はマイナス（甘口の酒）になり、アルコール度数が高い場合は、日本酒度はプラス（辛口の酒）になる。

その他、日本酒の「甘さ」や「辛さ」に影響を与える要素として、香り、醸造アルコール添加の有無、ガス感の有無、開栓後の時間経過、温度、酒器などを挙げることができる。

「**香り**」には、種類・傾向・強弱・段階（「上立ち香《うわたちが》」「含み香」「残り香」）がある。代表的な香りの種類としては、果物（リンゴ・バナナ・洋ナシ・メロン・マスカットなど）、ヨーグルト、チーズ、根菜類、穀物、シソ、ミント、ヒノキ、蜂蜜、キノコ、ナッツ、チョコレート、醤油などが挙げられる。酒造りでは、微生物である「酵母」が糖をアルコールに変える（アルコール発酵）。そのときに、香りの成分を放出する。吟醸酒に特徴的なフルーティーな吟醸香も、酵母が造り出したもの。酵母のはたらきは、酒質の設計において非常に大切なポイントになる。酵母の選択が、蔵元の酒造りの方向性を決定付ける大切な要素になる。例えば、甘い香りの「花酵母」で造られた酒には、優しい含み香がある。「甘口の酒」に感じる「来福」（茨城県）「天吹」（佐賀県）などは、その代表的な銘柄だろう。

「**醸造アルコール**」を添加した酒（アル添酒）は、軽快で、のど越しがスッキリしており、爽快な印象の辛口の酒に仕上がる。「**ガス感**」が強い酒の方が、一般的に「辛く」感じる。口開けの酒の方がフレッシュ感はあるが、酒が尖っている。「**開栓後の時間経過**」とともに空気に触れて、徐々にまろやかな酒質に変わっていく。

「**温度**」が変わると酒の香味は著しく変化する。大別すれば「常温」「冷やす」「温める」の3

つに分類される。どの温度が最も旨いかは、酒の種類（例：吟醸酒・大吟醸酒、本醸造）や料理との関係によってかなり変わってくる。

20〜25度の「**冷や**」（常温）で、日本酒らしい旨さを楽しむことができる。5〜15度の「**冷酒**」は、すっきりと呑みやすい。特に暑い夏には最適の温度かも知れない。冷酒には、冷や（常温）よりも少しだけ温度を下げた「**涼冷え**」（15度前後）、口に含んだ際に冷たさを感じる「**花冷え**」（10度前後）、さらに氷水や冷凍庫で冷やした「**雪冷え**」（5度前後）がある。華やかな香り、フルーツを思わせる甘みが特徴の純米吟醸・純米大吟醸は、「花冷え」くらいの温度の方が酸味は際立ち、クリアな味わいになる。

30〜55度の「**燗酒**」は、甘味・旨味・アルコールを感じやすい。燗酒も温度帯によって、細かく6つに分けられる。酸味や香りよりも、甘み・旨味を中心としたコクを特徴とする本醸造や純米酒などが、基本的には燗酒に向いている。

常温より少しだけ温めた「**日向燗**《ひなたかん》」（30度前後）。人間の体温と同じくらいまで温めた「**人肌燗**」（35度前後）。「**ぬる燗**」（40度前後）は、人の体温より少しだけ上の温度まで温めた燗酒。甘みや旨味が強くなり、とろみが出てくる。吟醸酒・大吟醸酒が、旨く呑める温度帯かも知れない。

「**上燗**」（45度前後）は、一般的に「燗でおいしくなる」といわれる酒の温度帯で、最もバランスがよいとされる温度。さらに甘みや旨味が強くなり、はっきりとアルコールを感じる。

「**熱燗**」（50度前後）は、口に含むと、はっきり「熱い」と感じ始める。アルコールや熱の刺激が強くなる。香味のよい良質な酒には向かないが、真冬の屋外で体を温めるには適する。さらに温度を上げた「**飛び切り燗**」（55度前後）。発散したアルコールが鼻を強く刺激する。「ヒレ酒」「骨酒」などに適する。

また、「**酒器**」によっても、酒の香味は著しく変わる。

日本酒は、「徳利」や「片口」に移した酒を「お猪口《ちょこ》」や「ぐい呑み」に注いで呑むことが多い。首のところが締まっているのが「徳利」。首がなく、片方に注ぎ口が付いているのが「片口」。ちょっとずつ味わう小さめの「お猪口」と、ぐいぐい呑める大きい「ぐい呑み」。

酒器の「素材」や「厚み」で、口当たりに違いが生まれる。

「陶磁器」は厚みがあり、口当たりが優しい。味わいも柔らかになる。熱伝導率が低いので熱燗に適する。「錫《すず》」は熱伝導率が高く、短時間で温度が変化するため、香りを保ったまま熱燗いわれる。
や冷酒に適する。分子構造が粗いことから、日本酒の雑味を分解して味をまるく、甘くすると
「ガラス」は酒器自体に色や匂いがないため、酒の色を楽しみ、酒そのものの味を堪能できる。
薄張ガラスはその究極だろう。最近は、ワイングラスで日本酒を味わう場面も多い。
「木」の酒器はおもしろい。祝いの席では「漆器」や「枡」が用いられるが、同じ「木」でも
両者の味わいは異なる。薄く滑らかな「漆器」の口当たりは格別。木の香りが爽やかな「枡」
で味わう日本酒には、独特の風情がある。

酒器の「呑み口の形状」で、香りの立ち方が変わる。
日本酒は、注いだときの表面積によって香りが変わる。口が広い酒器に注ぐと、香りが広
がりやすく芳醇な味わいになる。口が狭い酒器だと、一般的にはすっきりと軽い味わいになる。
但し、口先がすぼまった酒器で香りの高い酒を呑むと、真ん中の膨らみに空気がたまるため、
より濃厚な香りを集めて口元で楽しむこともできる。
「お猪口」（お椀型）の呑み口は、広くもなく狭くもない。使い勝手がよいので、どんな日本
酒でも使いやすい。表面積の広い「盃《さかずき》」で呑めば、空気中まで香りが広がり、より酒の香りを
楽しむことができるだろう。

酒器の「素材」「厚み」「形状」の組み合わせで、日本酒の香味は無限に変化する。日本酒は、使用する酒器によって香味が微妙に変化する。たかが器、されど器。

もうひとつ、日本酒の「甘さ」「辛さ」に影響を与える意外な要素がある。それは「景気」。好景気のとき・安定した時代は「辛口」で「軽快」な酒が好まれる。不景気になり、世情不安な時代になると「甘口」で「濃厚」「どっしりとした」酒が売れる。景気の悪い時代には、少量の酒で酔いが回るような「重く」「甘い」酒が好まれるのだろう。酒は世につれ、世は酒につれ……ということなのだろうか。

日本酒の「味」と「香り」との関係を、どのように理解すればよいのだろうか。

日本酒の「味」と「香り」との関係を大雑把に理解し、記憶（記録）するには、利き酒師の資格認定をしている「日本酒サービス研究会・酒匠研究会連合会（ＳＳＩ）」が考案した座標軸（図１）が便利で役立つ。

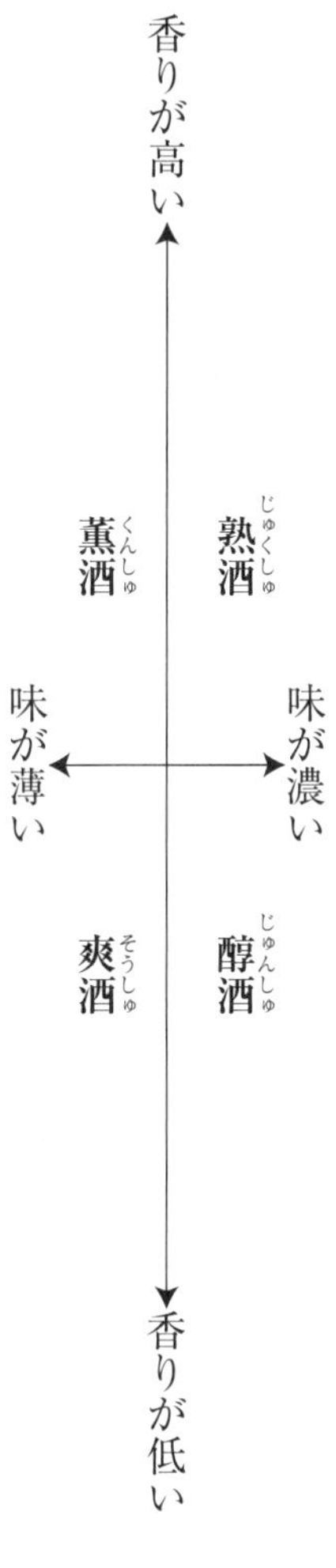

図1

縦軸は、「香り」が高いか低いかを表す。横軸は、「味」が濃いか淡いかを表す。「味」と「香り」の強弱だけで評価するため、プロのテイスティング・コメントに比べると大雑把になる。香味の強弱と言っても、最初から主張してくるタイプの酒もあれば、広がりのある後味を余韻で伝えてくるタイプの酒もある。確かに、厳密には香味の強弱だけでは、どうしても拾いきれない部分は残る。しかし、同じ人が同じ基準で評価すれば、全体をザックリと俯瞰し、銘柄同士を比較することができる。銘柄の「味」「香り」を記憶する際の助けにもなる（『日本酒テイスティング』北原康行著）。

座標軸で4分割された各領域には、名前が付けられている。

左上は、非常に香りが高い「薫酒《くんしゅ》」と呼ばれる領域。味よりも、フルーティーで華やいだ香りが特徴的。つまみがなくても、酒だけを楽しめる。季節で言えば、春先に楽しめる酒が多い。ワイングラスで呑むのに適した酒である。

左下は、香りがおとなしく、味わいも淡い「**爽酒**《そうしゅ》」と呼ばれる領域。軽やかで清涼感のある酒が多く、夏酒に相応しい。薫酒と爽酒との境界線上にプロットされる酒は、「**爽薫酒**《そうくんしゅ》」と呼ばれる。

右下は、非常にしっかりとした味わいが特徴の「**醇酒**《じゅんしゅ》」と呼ばれる領域。薫酒のような華やかな香りはないものの、ほんのりとした米の香りが感じられる。燗酒に向いた酒が多く、秋から冬にかけて楽しめる酒が多い。

右上は、「**熟酒**《じゅくしゅ》」と呼ばれる領域。3年ほど寝かせて熟成させた酒。酒の色が琥珀色になり、独特のまろやかな味わいが特徴的。

なお、同じ領域の酒であっても、領域をさらに4分割し、中でも香りが高い方なのか低い方なのか、味が濃い方なのか淡い方なのかをプロットしていけば、銘柄を位置付けする精度が上がっていく。

本来「味」と「香り」とは別物である。味わいは濃いか淡いかであり、香りは高いか低いかである。日本酒サービス研究会・酒匠研究会連合会（ＳＳＩ）が考案した座標軸も、その点に着眼し、複雑な日本酒の香味を可視化・簡素化して、理解を助けるためのツールを拵《こしら》えたのだろう。

しかしながら、人の味覚と嗅覚とは密接に関係しており、お互いに影響されやすい。例えば、「花酵母」など甘い香りの強い酒は、日本酒度などが同程度であっても、香りの弱い酒より「甘く」「濃い」味わいに感じる。芳醇な酒は、「甘く」感じることが多い。日本酒という酒は、なかなか繊細・複雑で奥が深い。

ところで、日本酒の香味について、地域的な特徴・傾向はあるのだろうか。

日本酒は、現在、全ての都道府県で造られている。沖縄県には「泰石酒造」がある。約40年前に蔵が閉鎖されて以来、日本酒蔵のない県がひとつだけあった。それは鹿児島県。鹿児島の冬は暖かすぎ、当時の空調管理・温度制御の技術では日本酒製造が難しかった。その反面、温暖な気候でも造れる芋焼酎が隆盛を誇った。

ところが、２０１2年に「濵田酒造」が「薩州正宗」を展開し、２０２0年には「西酒造」が「天賦」を発表した。濵田酒造も西酒造も焼酎蔵である（西酒造は、芋焼酎「富乃宝山」な

ど で 知られる)。

日本酒の主原料は、米・水・酵母。確かに、酒造りに必要な主原料は共通する。

しかし、日本の国土は南北に細長く、周囲を海に囲まれ、山岳地帯が多く、標高差も相当に大きい。地方によって**気候**(温度・湿度)や**風土**も著しく異なる。**酒米**(酒造好適米)については、各地方の気候・風土に適した種類がある。**酵母**については、古くから酒蔵・酒造場に住み着いている「蔵つき酵母」がある(6号酵母など)。日本酒造りに大切な水については、地方ごとに有効成分(カリウム・リン・マグネシウムなどのミネラル)の含有量で硬度が異なる特有の**仕込み水**(硬水・軟水)がある。また、酒造りにあたっている杜氏の**技術**(個性)も地方の蔵ごとに異なる。

日本には、国土の広さだけでは想像できないほどの顕著な地域差・地方的な特徴がある。北部・中部・南部、太平洋側・日本海側、山間部・臨海部で、気候・風土は著しく変わる。

その影響を強く受け、醸し出される日本酒(地酒)にも、地方ごとに顕著な特徴が生まれた。例えば、1980年代に地酒の一大ブームとなった「淡麗辛口」の酒は、雪深い日本海側に位置する新潟県の気候・風土と密接に結びついている(低温度でゆっくり時間をかけて発酵)。また、各地方の郷土料理との相性も重要な要素になるだろう。

ところが、昨今では運送・配送事業の全国的な普及により、各地方の**酒米**が全国に流通するようになった（兵庫県の山田錦も各地の酒蔵で使われている）。**酵母菌**は、日本醸造協会が純粋培養した「協会酵母」を各地の酒蔵に頒布している。業界全体で日本酒の醸造技術を高めるためである。最も変わったのは、空調管理・温度制御の**技術**が飛躍的に進み、全国各地で「四季醸造」（外気温に関係なく1年を通じて酒を醸造する）が可能になった点である。さらに、酒造りの技術もオープンになり、各酒蔵の技術交流も盛んになった。「蔵元杜氏」（酒蔵のオーナーが杜氏を兼務）の存在も、その流れと無関係ではない。

その結果、各地方の日本酒（地酒）の香味の傾向に大きな変化が生まれてきた。先の新潟の例でいえば、「八海山」「越乃寒梅」「吉野川」のように、「淡麗辛口」の人気は依然として高い。しかし、「あべ」「荷札酒」「醸す森」のように、これまで存在しなかったフルーティーで香りの高いタイプの日本酒（地酒）が出現し、県内外で高い支持を得るようになった。日本酒の香味について、地域的な特徴・傾向がすっかり薄れてしまったのだろうか。

答えは否。いかに流通が進み、空調管理・温度管理の技術が進化し、醸造技術の交流が盛んになったとしても、依然として地域的な特徴・傾向がなくなることはないだろう。例えば、地域に残る歴史的・伝統的技法、管理可能な室内の温度・湿度以外の大自然の営み（風／陽光の強さ・日照時間・年間の降雨量／降雪量・外気圧）、地理的条件（地形・標高・水資源）、地方の郷土料理・食文化との関係、地域の人々の心・嗜好性・県民性、米・水・酵母の相互の相性、宿る神々（非科学的で説明困難だが、無視できない「何か」を感じる）といった地域的な特徴・傾向が、依然として各地域の「地酒」に特有の香味を醸し出しているのではないかと思われる。

ところで、各地域の日本酒の香味の特徴をイメージするのに、「エレガントスタイル」か「パワフルスタイル」かという視点から説明されたもの（ワインの世界から借用）がある（『日本酒テイスティング』北原康行著）。

エレガントスタイルというのは、雑味がなくピュアな酒。香味がシンプルで「きれいな酒」。薫酒を中心に、爽酒の一部を含むイメージ。香りが高く味が濃くても、雑味がなくて全体のバランスがよい酒を意味する（「淡麗」とは異なる）。パワフルスタイルというのは、風味の複雑性、味わいの深さがある（旨味・コクも強い）酒。香りもフルーティーなだけでなく、米の風味が感じられる酒。両者は、「雑味の有無」に着目した分け方である。

冷涼《れいりょう》な土地で造られる酒は、エレガントなタイプが多い。そこで、日本列島を大別して、東日本エリアはエレガントスタイルの酒質、西日本エリアはパワフルスタイルの酒質とし、それぞれを3分割してAからFの6つのエリアに分けて説明されている。

【東日本エリア】（エレガントスタイル）

Aエリア：北海道と東北地方

Bエリア：新潟県と北陸地方

Cエリア：関東甲信地方と静岡県

【西日本エリア】（パワフルスタイル）

Dエリア：岐阜県・愛知県と近畿地方

Eエリア：中国地方と四国地方

Fエリア：九州地方

Aエリア・Bエリアのエレガントな酒質に、少しずつ何かが足し算され、複雑味を増していく。Eエリア・Fエリアに至って、酒質のパワフルさがピークを迎えるイメージである。

6つのエリアの酒質は、なだらかなグラデーションでつながっている。また、「エリアの特徴に合わない例外的な酒は必ず存在する」ことを理解する必要がある（標高・ロケーション・気候といった環境で酒質は大きく変化する）。

私は30年以上、各地域の日本酒（地酒）を呑んできた。自身の中でも、ある程度の地域的な特徴・傾向を理解している。それだけに、日本酒の香味についての地域的な特徴・傾向を単純化して説明することが、いかに「難問」なのかをよく理解しているひとりでもある。

日本酒（地酒）の酒質を「雑味の有無」という視点から東西2つに大別し、さらに東西を各々3分割して6つのエリアに分けて、共通する特徴・傾向を炙《あぶ》り出している。

料理との相性を考えながら一本の日本酒（地酒）を選択するときに、6つのエリア分類は非常に有益な判断基準となるだろう。『日本酒テイスティング』の中で、北原氏は断言する。「ザックリと傾向をとらえるのであれば、このイメージで間違っていないと思います」

もうひとつ、『めざせ！　日本酒の達人――新時代の味と出会う』（山同敦子著）では、日本酒（地酒）の【地域別の味の傾向】【特徴の著しい県】について、次の通り整理されている。

【地域別の味の傾向】
東北：全体に軽くスリムで、透明感を感じる綺麗なタイプが多い
関西：コクがあり濃醇で、甘辛は中庸。だしの効いた料理に合う酒が多い
九州：濃厚で、甘みも酸もある、味のしっかりとしたタイプが多い
【特徴の著しい県】
甘口傾向　佐賀、長崎、大分、大阪、福島（中通り／会津地方）
辛口傾向　高知、富山、東京、鳥取
濃醇傾向　佐賀、奈良、愛知、石川、島根
淡麗傾向　静岡、新潟、東京、岡山、福島（浜通り）

【特徴の著しい県】は、２００９、２０１０、２０１１年度の国税庁全国酒販類調査（市販酒の各県甘辛度・濃淡度の平均値）を分析したものである（福島県については、私が本文の内容を追記した）。

若干データが古く、一部に特徴・傾向が弱まっている地域があるかも知れないが、私自身の理解している日本酒（地酒）の傾向とも、ほぼ合致する。

新潟県には、今でも「淡麗」な味わいの酒が多い。高知県には、すっきりとした「辛口」の酒が多い。愛知県・奈良県・島根県には、「濃醇」なタイプの酒が多い。九州地方でも、佐賀県・長崎県・大分県には、「濃醇」で「甘」酸っぱい味わいの酒が多い。

これらは、あくまで大雑把な傾向である。日本酒（地酒）の香味についての地域的な特徴・傾向を把握・理解するための参考程度に留めるのがよいかも知れない。

ところで、**「辛口の酒は旨い」というのは本当なのだろうか。呑み手は何を信じて香味の判断をすればよいのだろうか。**

会社を退職した後、日本酒（地酒）の専門店でパート勤務した。お客さんからよく訊かれた。

「辛口の酒はありますか？」

それなりに呑んできた経験から、店内にある「辛口」（といわれている）酒を選んで薦めることはできる。しかし、そのときふと思った。

「お客さんが求めている『辛口』と私の頭の中にある『辛口』とは同じなのだろうか？」もし違っていると、「お客さんは『辛口』が欲しいと言ったのに……」ということになる。そうかといって、「辛口」の中身を擦り合わせていけるだけの具体的な「語彙」をお互いに持ち合わせているのだろうか……。

そもそも、多くの人が「辛口の酒はありますか？」と訊くのはどうしてなのだろう。来店客の多くが「辛口」の酒を注文することから、（自分の好みとは別によく売れる）「辛口」の酒を注文・購入する飲食店主の方は少なくない。

個人客だと、ひとつは「日本酒のことをよく知らないので、とりあえず訊いてみた」という場合がある。挨拶代わりなので、「辛口」という言葉にあまり深い意味もこだわりもない。話のきっかけなので、そこから「辛口」の中身について柔軟に話ができる。しかし、自分は呑まないが、頼まれて買いにくる場合もある。依頼した人には、「酒は辛口に限る」という強い先入観にとらわれているケースは多い。

もうひとつは、これまで呑んだり人から聞いたりしてきた経験から、「酒は辛口に限る」と本当に信じている場合がある。「辛口の酒＝高級品で旨い」という認識が、いまだにイメージとして強く頭の中に刷り込まれている。これにも、ふたつのケースがある。「辛口」の酒だけをひたすら呑み続けてきた（「辛口」の酒しか呑んだことがない）場合と、あらゆるタイプの酒を呑んできたが、どうしても「辛口」の酒以外は舌が受け付けないという場合がある。

後者は、本当に「辛口」の酒が自分の嗜好にマッチしているので、安易にブレることはない。しかし前者は、未知の世界だった「甘口」の酒の「旨さ」に出会った瞬間から、その魅力に取り憑《つ》かれてしまうケースが意外と多い。自分の舌が「旨い」と感じるものは「旨い」のである。信じられるものは、「自分の舌」「自身の味覚・嗅覚《きゅうかく》」である。

そもそも、酒の「辛口」を「定義」することはできるのだろうか。

「辛口」という言葉ほど曖昧で、理解が困難な言葉はない。もし今日の日本酒業界での混乱の原因が「辛口」という言葉にある（大げさに言うと）とすれば、その意味内容を少しでも明らかにしようとすることは無意味でもないだろう。

本章冒頭で、糖分・甘みの強い酒を「甘口の酒」と言い、糖分・甘みの少ない酒、すっきりとしたドライな味わいの酒、キレのある酒のことを「辛口の酒」と呼んでいると述べた。

酒五味「甘味・旨味・酸味・苦味・渋味」のなかで、「甘味・旨味」（滑らかさを与える要素）が強ければ「甘い」と感じ、「酸味・苦味・渋味」（刺激を与える要素）が強ければ「辛い」と感じることに触れた。

「日本酒度」「酸度」「アミノ酸度」「アルコール度数」などが、日本酒の「甘さ」「辛さ」に影響を与えることについても記した。

酒は生きもので、「舌にのせた感触」「のど越しの爽やかさ」「余韻を感じる風味」というように、各段階を経て酒の味が変化していくことにも言及した。

また、香りにも段階によって「上立ち香」「含み香」「残り香」がある。

どの段階のことを「辛い」と言っているのか、人によってかなり異なるということが、実はあまり認識されていない。


もし「辛口」という言葉を使う場合は、「意味」を明確に限定して使った方がよいだろう。

例えば、「日本酒度数が高い」「酸味が強い」「のど越しがよい」「味の要素が少なく、食事の邪魔をしない（食中酒としてのバランス）」「キレがよい（余韻が短い）」「炭酸の刺激が強い（甘味の少ないスパークリング日本酒）」などといったように……。

「○○という意味で『辛い』」と言えば、ただ「辛い」というよりも数段イメージは明確になる（**「再定義」の必要性**）。しかし、「辛口」が複数の意味合いを持ち、単純な「定義」が不可能だとすれば、あえて「辛口」という言葉を使う意味があるのだろうか。


おそらく日本酒（地酒）を求める人から「辛口」という言葉が消えることはないだろう。

「辛口の酒ありますか?」というのは挨拶言葉で、それ自体は悪くない。地酒専門店の人も、目くじらを立てたり、辟易《へきえき》したりする必要もない。但し、「芳醇旨口」「濃醇甘口」タイプの酒を専門とする店であれば、その旨を明確に「発信」しておく必要があるだろう。それでも客は「辛口」を求めて来店してくる。来店客の「真意」を理解して、本当に「旨い」と味わえる1本に誘《いざな》うことができれば、それが専門店主の本望だろう。

「辛口の酒は旨い」というのは、本当に「辛口」嗜好の人にとっては正しいかも知れない。しかし、全ての呑み手にとって、「辛口の酒が旨い」わけではない。日本酒はタバコ同様に嗜好品なので、呑み手本人の好み次第。従って、香味の判断、酒が「旨い」のか「旨くない」のかは、呑み手自身の判断(嗜好性の問題)に委《ゆだ》ねられている。過去30数年間でも、日本酒(地酒)の品質は驚くほど改善し、その香味は著しく変化した。自身の嗜好に合う酒と合わない酒はあるかも知れないが、劣悪な品質の「まずい酒」は姿を消した。

頭の中に刷り込まれた「辛口の酒は上等で旨い」というイメージ(先入観)を払拭する。「自分の舌」「自身の味覚・嗅覚」だけを信じて、偏りのない気持ちで呑む。

「十四代」(山形県:高木酒造)を醸した高木顕統さん(2023年4月15代目・辰五郎襲名)、

「№6」「亜麻猫」（秋田県：新政酒造）を醸した佐藤祐輔さんには、ある共通点がある。それは、「自分が本当に美味しいと思う味・香りの酒を造った」ということ。「自分の舌」「自身の味覚・嗅覚」を信じ、こだわりを持って造り続けたということ。

そのきっかけになった酒がある。ある地酒との出会いが、その後の酒造りへの意識や人生そのものを大きく変える契機になったと言う。

「十四代」の高木さんは「『古典寫樂』（福島県：現在の宮泉銘醸と親戚筋の東山酒造）との衝撃の出会いが、自身の酒造りの意識・方向性を大きく変えた。芳醇旨口の『十四代』を醸して、世に送り出す原点にもなった」と言う。

新政酒造の佐藤祐輔さんは、大学を卒業した後、同業者のジャーナリストが集まる呑み会に参加したとき呑んだ『磯自慢・特別本醸造』（静岡県：磯自慢酒造）との衝撃の出会いが、その後の人生を大きく変えた、と言っている。

「辛口」という言葉は難しいし、不用意に使うと自身の嗜好に沿わない事態にも直面する。しかし、誰にも嗜好がある。酒を呑む人には、好みの香味の酒がある。私自身は、純米吟醸無濾過生原酒の滓《おり》がらみ（薄にごり）で、雑味とガス感の残っているタイプが好きだ。

もうひとつは、酸味が強めの純米吟醸生酒で、やや低アルコールで軽快なタイプ（「亜麻猫」「賀茂金秀」など）が好みのタイプだ。好みの酒に出会った瞬間の感動が人の気持ちを変え、（やや大げさに言えば）人に生きる力を与えてくれる。深く感動した1本の酒との出会いが人生を変えることさえある。私自身も、その感動が「酒五訓」を書く動機にもなっている。

読者の方からお叱りを受けそうだが、こんな本を読んでいる場合ではない。街に出よう。居酒屋の暖簾をくぐろう。気になっていた銘柄の地酒に挑戦しよう。勇気を持って「日本酒（地酒）専門店」に入ってみよう。店主に自分の好みの酒のタイプを躊躇なく伝え、選んでもらう。自分の言葉で、自分の好みを遠慮なく伝えよう。好きなタイプを語ろう。

好みの酒をより深く知りたいと思ったら、その酒を造っている「酒蔵」を訪れてみるのもおもしろい。

ある日のこと、旨い日本酒（地酒）を置く居酒屋の女将《おかみ》さんが言った。
「酒田さん、今日の酒は、どのあたりのストライクかしら……」

野球のストライクゾーンには、上・中・下（縦）と外・中・内（横）の組み合わせで9つの枠がある。呑めば呑むほど、自身のストライクゾーン（日本酒の香味の嗜好）が明瞭になってくる。徐々にストライクゾーンを見極めることができるようになる。

際どいコースに手を出すことで、結果的に自身のストライクゾーンを広げることもある。該当するコースを、どの「球種」でどれくらいの「球速」で攻めてくるかを予測することが、もうひとつの楽しみになってくる。

先の例で言えば、日本酒を温めたり冷やしたりすること（温度の変化）、酒を陶磁器・錫《すず》・ガラス・漆器など異なった材質の酒器で呑むこと（酒器の変化）で、どれくらい日本酒の香味に変化が訪れるかを予測するのもおもしろい。温度や酒器を変えることで、想定していたストライクゾーンが著しく変化して驚くこともある。馴染みのあるはずの日本酒（地酒）との新たな出会い、「一期一会」を心から楽しむ。不意に球速160キロを超える直球でど真ん中を攻められたりすると、思わずのけぞってしまいそうになる。

「自分の舌」を信じ、「自身の味覚・嗅覚」に自信を持って、好みの1本を探す旅に出よう。心配は無用。難しい知識は不要。必要なのは「自分の舌」と「それを信じる気持ち」だけ。

他人や評判に惑わされることはない。だれが何と言おうが「**自分が旨いと感じるものは旨い**」。「あなたの1本」と出会う旅が始まる。「至福の1本」と出会うかも知れない。楽しい酒の旅が、あなたの人生に新しい彩《いろどり》を与えてくれるかも知れない。

5、ワクワクする日本酒（地酒）との出会いを求めて

酒瓶のフタを開けた「地酒」は、空気に触れることで毎日のように味や香りが変わる。地酒を呑む人も、その日の体調や気分で変化する。全く同じ体調・気分の人が、全く同じ味・香りの「地酒」を呑むことは、もう二度と巡ってくることはない。人と人との出会いと同じように、人と「地酒」との出会いもまた、「一期一会」である。

地酒との付き合いは、30年近くになるだろうか。神戸で、友人に連れられて新潟の地酒が呑める居酒屋に入った。当時は、「淡麗辛口」の全盛期で、人気の「越乃寒梅」をはじめ「久保田」「八海山」「〆張鶴」「上善如水」など、どちらかというと「強く主張しない」地酒が圧倒的に多かった。当時は、地酒の味幅自体も狭く、流通もかなり限定されていた。

国内の日本酒全体の生産量・出荷量は年々減少し、２０１７年当時の日本酒の国内出荷量は、ピーク時１９７３年の３分の１以下に落ち込んだ。新潟の地酒ブームにもかかわらず、国内の日本酒人気は下降線で、日本酒業界は典型的な斜陽産業になりつつあった。国内の歴史ある酒蔵の数も年を追うごとに減少し、日本酒造りは危機的な状況になった。

ところが、その後、全国の酒蔵の経営者や杜氏さん（若い世代が多い）が、本当に命懸けで酒造りに取り組んだ。その結果、これまでの時代とは全く隔世の感のある美酒が、個性的で味幅にも豊かな広がりのある多数の美酒が、全国の酒蔵で次々と誕生した。挙げれば切りがないが、「十四代」（山形県）、「飛露喜」（福島県）、「獺祭」（山口県）、「新政」（秋田県）、「而今」（三重県）などの銘酒が、地酒の新しい時代を次々と切り拓《ひら》いていった。さらに、運送配送事業（特に、冷蔵保存）が全国的に浸透したことで流通網が一気に広がり、味・香りに豊かな個性のある多様な地酒を、全国各地で入手することができるようになった。

会社に勤務していた頃は、仕事が終わった後、出張先の「**居酒屋**」で地酒との「一期一会」を楽しんだ。

東京（神田）では、地酒の聖地、「かんだ幸壽《こうじゅ》」に立ち寄った。

酒呑みを唸らせる地酒と肴が並ぶ。「川中島幻舞《かわなかじまげんぶ》」と初めて出会った。女性杜氏の千野麻里子さんが醸す酒で、華やかな香りとすっきりとした味わい、優しくてふくよかな旨みがある。心身を癒してくれる優しい地酒との印象を持った。

ごく最近のこと、神戸の居酒屋で「川中島幻舞」と再会した。しっかりとした力強い酒に変わっていた。驚いた。自身が想定していた味覚を疑った。しかし、香りは華やか。すっきりとした味わいに変わりはなかった。おそらく、同じ銘柄であっても、味幅に豊かな広がりが生まれたのだろう。

「赤鬼」（三軒茶屋）には、異なった種類の「十四代」が並ぶ。

高木酒造の現社長、高木顕統《あきつな》さんが、学生時代に立ち寄っていた店だ。

11月の下旬だった。遅い時間に店を訪れた。あいにくの満席。店先に空いたテーブル席がひとつ。霜月の夜は冷える。「店先で」呑むか、去るか。親切で愛想のよい女将さんの一声で「呑む」ことに決めた。

地酒の品揃えの豊富さ、銘柄レベルの高さに感動した。地酒メニューを隅から隅まで見る。ようやく、酔客3名が家路に着いたので、店内のカウンター席に移った。冷え切った体表温度がようやく回復し始めた。安堵する。店内に掲示されたお薦めの地酒メニューに目をやる。

さすがに「龍の落とし子」「龍泉《りゅうせん》」「双虹《そうこう》」など、希少な「十四代」には手が出ない。「十四代・本丸・本醸造」を注文。「おにぎり」と「赤だし」で締める頃、懐《ふところ》具合とは逆に、からだの方はすっかり温まっていた。店を去るのが名残惜しい。「赤鬼」の名前が入った「桝とお猪口」のセットをお土産に持ち帰った。


地方出張の帰りには、**「デパ地下の酒類販売コーナー」**にも立ち寄った。

愛知県では、名古屋駅に直結する「高島屋」地下2階に魅せられた。魅力的な地酒の面々が待ち構える。コーナーには、地元愛知の地酒は無論、みごとに全国各地の美酒がそろう。全国区となった愛知の銘酒、「醸し人九平次《かもびとくへいじ》」（萬乗醸造）。「東龍《あずまりゅう》」（東春酒造）、「蓬莱泉《ほうらいせん》」（関谷醸造）の味わいは安定していた。

「二兎《にと》」（丸石醸造）の旨さに正直参った。名前の由来は「二兎追うものしか、二兎を得ず」にある。例えば、「味」と「香」、「酸」と「旨」、「重」と「軽」、「甘」と「辛」。二律背反する事柄が生む最高のバランス。味わいを求め挑む酒。意味も深いが、味わいはもっと深い。

「奥《おく》」（山崎合資）に出会って、また脱帽。香味はその名の通りに奥深い。

愛知県以外の酒では、「翠玉《すいぎょく》」（秋田県：両関酒造）の旨さに思わず唸《うな》った。しかし、「翠玉」

が、「十四代」の高木酒造からの技術支援で生まれたと知って納得。「花邑《はなむら》」に次ぐ第二弾。甘味・旨味・酸味のバランスが抜群。酸味は、柔らかくて軽快。穏やかな上立ち香は、食中酒としてもおすすめ。ぬる燗にすれば、一層口当たりがやわらかくなり、米の旨み・香りが立ってくる。

地方の「**酒蔵**」を巡るのは、なかなか楽しい。
40代に入ってからは、旅に出ると地方の酒蔵を覗いた。その地方の気候・水・米で醸した酒に強く惹かれた。私は、蔵の中で匂ってくる物理的な酒の香りが好きだ。と同時に、蔵に漂う独特の日本文化・風土が醸し出している香りもまた、見逃せない魅力のひとつに感じる。
日本には、「**三大酒処**」と称される日本酒の製造拠点がある。兵庫県の「灘五郷《なだごごう》」、京都府の「伏見」、そして、広島県の「西条」。

兵庫県の「**灘五郷**」について
「灘五郷」は、国内屈指の酒処として知られる兵庫県の神戸市灘区から西宮市にかけての沿岸部で酒造りが盛んな5つの地域（西郷《にしごう》・御影郷《みかげごう》・魚崎郷《うおざきごう》・西宮郷《にしのみやごう》・今津郷《いまづごう》）の総称。
「灘五郷」で酒造りが始まった時期は明確ではないが、鎌倉時代から室町時代には酒造りが行われていたと伝えられている。灘の酒造りが本格化し始めたのは江戸時代。寛永年間（１６２４～１６４３年）、伊丹から西宮に移ってきた蔵元が酒造りを開始したとされる。以降、灘周辺に多くの蔵元が誕生し、そのいくつかは現在までその歴史をつないでいる。

灘五郷の中で最も西側に位置する「**西郷**」は神戸市灘区にあたる。かつて「上灘《かみなだ》」と呼ばれた地域が細分化され、その西側にあたる地域が「西郷」と呼ばれるようになった。「沢の鶴」酒造がある。

「**御影郷**」は、神戸市東灘区の御影地域。上灘の中央部に位置していることから「中郷《なかごう》」とも呼ばれる。「白鶴」「菊正宗」「剣菱」などの銘柄は御影郷にある。「百黙《ひゃくもく》」は、２０１８年４月、菊正宗が１３０年ぶりに発売した新ブランド。兵庫県吉川町（特A地区）の山田錦１００％で造った酒。「純米大吟醸」「純米吟醸」「Alt.3《オルトスリー》」「純米大吟醸・無濾過原酒」の４種類がある。「辛口キクマサ」という先入観を覆すみごとな酒。４種類はそれぞれに特徴があるが、華やかな香り、米の甘みと旨みは共通する。現在、販売所が限定されている「神戸の地酒」（特に「純米大吟醸・無濾過原酒」は兵庫県の限定販売）。「福寿《ふくじゅ》」（神戸酒心館）、「仙介《せんすけ》」「琥泉《こせん》」（泉酒造）は酒質が高く、間違いなく全国区の地酒である。

上灘の東部にあたる「**魚崎郷**」は、神戸市東灘区の魚崎・本庄地区を指す。「松竹梅」「櫻正宗」「浜福鶴」などの蔵がある。「千代田蔵」（滋賀県：太田酒造）のように、他府県に本社を構える酒造会社もある。参加した2014年度の「灘の酒大学」では、「櫻正宗」「沢の鶴」「白鶴」「神戸酒心館」「浜福鶴」「こうべ甲南武庫の郷」が会場となった。

「**西宮郷**」は、西宮市浜脇・用海地域の酒造地帯を指す。灘酒を支える「宮水《みやみず》」の産地で、灘の酒造りもこの地で始まったとされる。「白鹿」「白鷹」「日本盛」などの銘柄は西宮郷で造られている。

「**今津郷**」は、西宮市今津地区の酒造地帯を指し、灘五郷の中では最も東に位置する。「大関」「扇正宗」などの銘柄が造られている。

「灘五郷」が「日本一の酒処」と呼ばれる理由は、上質な酒造りに欠かせない「水」「米」「技」という3つの要素全てがそろっているからに他ならない。

まずは「**米**」。灘五郷の北に広がる六甲山の麓は、昔から良質な米が育つ穀倉地帯であり、酒造好適米の王様、「山田錦」の産地としても知られている。「山田錦」を使って造った酒は、しっかりとしたコクと複雑味がありバランスがよい。後味に優れ、熟成させると深みが醸し出される。兵庫県を中心とした西日本が主産地。中でも、吉川町（現三木市）、東条町（現加東市）の特A地区の特上米の山田錦は最高峰といわれる。

次に「**水**」。江戸時代に灘地方で発見された「宮水」は、カリウム・ナトリウム・カルシウム・リン酸など、微生物（麹や酵母）の栄養となるミネラル分をほどよく含む「硬水」。酒造りには理想の水とされる。逆に、酒質を悪化させる鉄分が少ない。硬水で仕込んだ酒は、発酵がよく進み、きりりと引き締まったキレのよい辛口の酒になる。アルコール度数が高く、船に積んで江戸まで運んでも保存に耐えられた。

最後に「**技**」。灘の酒造りを指揮するのは、日本三大杜氏に数えられる「丹波杜氏」。受け継がれてきた技術と、多くの蔵人を束ねる人徳。両者を兼ね備えた杜氏の存在が、灘の酒造りを根底で支えている。


「灘五郷」が酒処として栄えたもうひとつの理由は、「**流通拠点**」としての側面があること。貯蔵技術が不充分な江戸時代に、鮮度を保ったまま日本酒を遠方に運ぶのは容易ではなかった。その点、「灘五郷」は瀬戸内海の沿岸部に位置し、海路交通の要地でもあったため、船での大量運搬が可能だった。「樽廻船」と呼ばれる船で運ばれる灘の酒は、杉樽の香りとともに熟成されることで、より華やかさを増して江戸まで運ばれた。江戸中期になると、上方《かみがた》から江戸に運ばれる酒（「**下**《くだ》**り酒**《ざけ》」）の主役が、池田・伊丹から、酒質の高い「灘五郷」に変わっていった。

ちなみに、「下り酒」から転じて、「下《くだ》りもの」が高級品の代名詞となり、逆に粗悪品や取るに足らないものを「下《くだ》らないもの」と呼ぶようになったと言われる。
「灘の酒＝高級品」という認識が、江戸の人々の間に定着していたということなのだろう。

兵庫県の「播州《ばんしゅう》」の酒

兵庫県には、「灘五郷」以外にも、優れた酒蔵が多い。特に、播州地方（明石・加古川・姫路など）には、灘五郷ほど大きな規模ではないが、酒質の高い地酒を造る蔵が多数ある。「播州一献」（宍粟市：山陽盃酒造）、「雪彦山」（姫路市：壷坂酒造）、「奥播磨」（姫路市：下村酒造）、「富久錦」（加西市：富久錦酒造）、「来楽」（明石市：茨木酒造）は、その一例である。2015年の「播磨の酒蔵巡り」バスツアーでは、山陽盃酒造、下村酒造、老松酒造を訪れた。

「富久錦」に「純青」という銘柄のシリーズがある。炉の火は、最高の温度に達したとき純青色になる。「純青」は、学問や技能が最高の域に達することを意味する「**炉火純青**《ろかじゅんせい》」に由来する。技と感性を磨いて、最高の日本酒を造りたいという願いを込めて名付けられた。2007年富久錦酒造は、民事再生法を申請。2013年に創業家の次男・稲岡さんは、背水の陣で社長に就任。「純青」は、純米（地元産米）・木桶・生酛造り。伝統的な酒造りの本質を見失うことなく、過去の風潮や習慣にとらわれず、自分たちが造りたい酒を、自分たちのやり方で造ることをコンセプトにした新ブランド。「雑味は深み」「甘みは豊かさ」と言う。「純青」には、通年商品と季節限定の商品がある。異なる「純青」を呑むたびに、必ず新しい発見と感動がある。

京都府の「伏見《ふしみ》」について

京都の酒造りの歴史は長く、弥生時代からともいわれる。現在も20以上の酒蔵がある。かつて「伏水」といわれていたほど、水が豊富で質も高い。現在、遊覧船として運航する「伏見十石舟《ふしみじっこくぶね》」は、江戸時代に淀川で酒・米・乗客を運んだ三十石舟を復元したもの。一石が米俵2．5俵で約150キログラム、十石で約1500キログラムのお米を一度に運ぶ計算になる。

兵庫の灘の「硬水」とは対照的に、伏見の水はミネラル分が少ない「軟水」。発酵が遅く、糖分がゆっくりとアルコールに変わっていくので、口当たりが柔らかく、比較的甘口の酒ができる傾向がある。きめの細かい、優しい味の酒が多いとされる地域。味わいの印象から、硬水で仕込んだ灘酒は「男酒」、軟水で仕込んだ伏見酒は「女酒」と呼ばれることも多い。「黄桜」「月桂冠」「宝酒造」などの酒蔵が有名。

まだ直接酒蔵を訪れたことはないが、伏見酒では「蒼空《そうくう》」（藤岡酒造）が好きだ。イタリア・ベネチア製のスプマンテ（イタリアの発泡性ワイン）用500ミリリットルの無色透明の瓶を採用している。

「よい酒は必ずや天に通じ、人に通じる」という信念のもと、蔵元自ら製造責任者の杜氏として、すべての酒を手間暇惜しまず、手造りにて丁寧に醸す。造る酒は、すべてが純米酒。「空一面の青空を見上げると心爽やかに穏やかな気持ちになれるのと同じように、呑んだ人がホッとできるような酒」を目指す。2022年4月に呑んだ「特別純米生原酒・短稈渡船《たんかんわたりぶね》」は、米の旨みを堪能できる造り。どっしりとした落ち着きと包容力ある酒が実に旨かった。

「澤屋まつもと」（松本酒造）は、料理を活かし料理で生きる酒。食文化に寄り添い、究極の食中酒を目指す。特に、刺身や白身魚の焼き物など柚子やレモンを添える料理に合う。「原料に優る技術なし」の理念のもと、良質な伏流水とこだわりの酒米で醸す。すっきりとして呑み飽きることのない酒。「澤屋まつもと　純米酒　守破離」は、柑橘系の立ち香、綺麗な酸と米の旨みを感じる酒。「守破離」の名の通り、伝統を守りながらも革新を取り入れる。

「伏見」以外の京都では、「玉川」（京丹後市：木下酒造）がおもしろい。２００７年（平成19年）から、イギリス人のフィリップ・ハーバーさんが杜氏を務めている。「玉川」の酒は、少し温度を変えて呑むと表情が変わる。ロック、冷酒、常温から熱燗、燗冷ましまで、様々な温度帯で楽しめる。温度を変えて、合わせる料理による味わいの変化を感じるのも楽しい。

木下酒造に着くと、看板猫の「みゃー」が出迎えてくれた。愛らしくて人懐っこい。「みゃー」は、似顔絵付きの「じゅんまいぎんじょう　みゃー」として蔵の新商品になった。

「向井酒造」（与謝郡伊根町）は、日本で一番海に近い酒蔵のひとつ。波穏やかな伊根湾に浮かんでいるかのような約２３０軒の「舟屋《ふなや》」。その街並みは大変に珍しく、国の重要伝統的建造物群保存地区に選定されている。酒蔵の女性杜氏が「紫小町」という古代米（赤米）で造る赤い日本酒「伊根満開《いねまんかい》」は、ロゼワインのような風味。女性からの人気も高い。

広島県の「西条《さいじょう》」（東広島市）について

広島県の酒造りには、いくつかの特徴がある。

山岳地帯（中国山地）や海岸沿い（瀬戸内海）で、各々個性豊かな日本酒が造られている。

中国山地のある北部地方（庄原市、三次市など）では、湧き出る硬水（広島では珍しい）で、キレのある日本酒が造られている。

他方、海岸沿いの地域にある西条は、日本の「三大酒処」のひとつにも選ばれており、老舗の酒蔵が多く、伝統を受け継いだ酒造りが行われている。東広島市の西条酒蔵通りには「賀茂鶴」「賀茂泉」「西條鶴」「山陽鶴」「亀齢」「福美人」「白牡丹」、同市の黒瀬町には「賀茂金秀」（金光酒造）がある。また、竹原市の「竹鶴」「龍勢」、呉市の「雨後の月」「宝剣」、三原市の「酔心」などは、芳醇な香りとまろやかな味わいが特徴的な地酒である。中でも、呉市では軟水の多い広島県の特徴を生かし、甘口の日本酒を製造している。

ところで、軟水の西条は、硬水の灘と同じような酒造りができないため、かつては酒造りには適さず、日本酒産業は難しいとされていた。ところが、明治に入り広島の酒造家・三浦仙三《みうらせんざぶ》郎《ろう》さんが軟水での醸造方法（吟醸造り）を確立して以降、日本酒産業が急激に発展した。日本の「三大酒処」のひとつとしての地位を確立した。明治中期には西条を中心に鉄道が敷かれ、酒蔵が立ち並ぶようになる。大正時代に入ると、「酒都西条」と呼ばれるようになり、灘や伏見と並ぶ一大銘醸地となった。

また、酒米の種類が多いのも、広島県の酒造りの特徴のひとつかも知れない。「八反錦」は、代表的な酒米で、香りが芳醇で味わいはドライ。「八反錦」の父親に当たる

「八反35」は、なめらかでドライな味わいが特徴的。「こいおまち」は、広島県オリジナルの酒米。ふくよかでエレガントな味わいといわれる。

２０２３年（令和5年）6月、広島県西条、竹原、呉の酒蔵を訪れた。

東広島市の西条酒蔵通りの賀茂鶴酒造、西條鶴酒造、亀齢酒造、福美人酒造、白牡丹酒造を回った。賀茂鶴酒造は、広い見学室が公開され、直販所が設けられていた。同市黒瀬町の金光酒造では、改装されたばかりの直販所で念願の「賀茂金秀」を購入することができた。しかしながら、竹原市の竹鶴酒造、呉市の相原酒造や宝剣酒造には蔵直結の販売所がなく、「竹鶴」は道の駅で、「雨後の月」（相原酒造）や「宝剣」（宝剣酒造）は呉市内の地酒専門店「呉・山城屋」で購入することになった。酒質の高さとは別に、酒造量の違いや蔵の方針もあるのだろう。「灘五郷」にある酒蔵との違いを感じた。

また、毎週末には、神戸市と近隣の「**地酒専門店**」で、新しい地酒との出会いを楽しんだ。店内で冷蔵庫のガラス越しに並ぶ「地酒」と対面。その瞬間のワクワク感がたまらない。

特に、1月下旬から2月中旬（厳冬）の頃が「地酒」の旬。ワクワク感はピークに達する。「地酒」との出会い。「一期一会」の入口。酒瓶の裏ラベルを熟読・吟味する。純米吟醸の無濾過で生《なま》の原酒。うす濁りで雑味が少し残っていて、ガス感のあるタイプが好み。甘い辛いは、あまり問わない。但し、旨いと感じる酒には、米の味（旨味）を感じることが多い。昨今では「亜麻猫」「一白水成」「寫樂」「而今」「賀茂金秀」など、軽快で酸味のあるタイプの地酒に惹かれることが多い。サイズは四合瓶に限定。それでも地酒が狭い冷蔵庫内を占拠し、家人の怒りを買うことも……。

各専門店によって、こだわりの酒にも個性がある。特約店契約を交わしている酒蔵も異なる。以下は、これまで足しげく訪れてきた神戸・明石・大阪市内にある「地酒専門店」である。

「すみの酒店」 神戸市長田区花山町2―1―27　078―611―1470
兵庫県（神戸市）を代表する日本酒（地酒）の専門店。飲食店からの注文配達も多い。長田神社の北西。神社付近から長田箕谷線を山に向かって車で約5～6分。神鉄丸山駅から徒歩10分、花山駅バス停から徒歩1分。決してアクセスがよい場所とはいえない。が、酒類の品ぞろえには、思わずうっとりする。日本酒（地酒）専門の居酒屋関係者も来店。広い店内には、ワイン、焼酎、リキュール類も並ぶ。

かつては、普通に「新政」や「而今」を購入できたが、銘柄人気の高まりとともに購入の「権利」がないと入手できなくなった。「権利」は、所定のポイント数が貯まった時点で付与される（ポイント対象外の商品もある）。好みの銘柄を購入し難くなったが、それでも銘酒の品ぞろえには魅了される。「十四代」「新政」「獺祭」などの特約店である。

以下は、取扱いのある日本酒（地酒）の一例。

「田酒」「豊盃」「鳩正宗」（青森県）、「新政」「山本」「一白水成」「まんさくの花」（秋田県）、「陸奥八仙」（岩手県）、「十四代」「十水」「くどき上手」「山形正宗」（山形県）、「あたごの松」「伯楽星」「日高見」（宮城県）、「飛露喜」「冩樂」「奈良萬」「ロ万」（福島県）、「鳳凰美田」（栃木県）、「寒菊」（千葉県）、「とんぼ」「いずみ橋」（神奈川県）、「荷札酒」「雅楽代」（新潟県）、「手取川」「天狗舞」（石川県）、「黒龍」（福井県）、「磯自慢」（静岡県）、「醸し人九平治」（愛知県）、「而今」「作」（三重県）、「風の森」「篠峰」「みむろ杉」（奈良県）、「紀土」（和歌山県）、「王禄」「諏訪泉」「出雲富士」（島根県）、「雨後の月」「宝剣」（広島県）、「獺祭」「東洋美人」「天美」（山口県）、「田中六五」（福岡県）

「**酒仙堂フジモリ**」神戸市東灘区本山中町4—13—26　078—411—1987

閑静な住宅地に位置する、こだわりの地酒・焼酎の専門店。酒を醸す蔵人の情熱や地方の風土などを消費者の皆さんに伝えたい。心から美味しいと喜んで頂けるような商品を届けたい。

そんな思いで、ひと蔵ひと蔵を歩く。神戸を代表する日本酒（地酒）専門店のひとつである。兵庫県の酒では、「播州一献」「仙介」「福寿」など。「久保田」（新潟県）の正規特約店である。地方の旨い酒が、冷蔵庫の中で温度管理され、大切に保管されている。

カウンター横の扉を開けて、一段下がった奥の部屋に入る。真夏には冷気が心地よい。数台の冷蔵庫が鎮座する。充実した地酒の面々との対面。思わず、ワクワク感が加速する。

以下は、これまでに「酒仙堂フジモリ」で見《まみ》えた地酒の一例。

「豊盃」「陸奥八仙」（青森県）、「赤武」「南部美人」（岩手県）、「飛露喜」「奈良萬」「天明」（福島県）、「くどき上手」「楯野川」「山形正宗」（山形県）、「綿屋」「阿部勘」（宮城県）、「武勇」「来福」（茨城県）、「仙禽」「鳳凰美田」（栃木県）、「神亀」「鏡山」（埼玉県）、「天青」（神奈川県）、「甲子」「不動」（千葉県）、「鶴齢」「醸す森」「根地男山」「山城屋」「山間」（新潟県）、「勝駒」（富山県）、「農口尚彦研究所」「奥能登の白菊」「菊姫」（石川県）、「黒龍」「梵《ぼん》」「白岳仙」（福井県）、「佐久の花」「豊香」（長野県）、「百春」（岐阜県）、「白隠正宗」（静岡県）、「醸し人九平治」「長珍」（愛知県）、「作」（三重県）、「松の司」（滋賀県）、「百楽門」（奈良県）、「紀土」「黒牛」「雑賀」「車坂」（和歌山県）、「雨後の月」「亀齢」「賀茂金秀」（広島県）、「東洋美人」「雁木」「貴」（山口県）、「美丈夫」（高知県）、「田中六五」（福岡県）、「ちえびじん」（大

分県）、「東一」「鍋島」「能古見」（佐賀県）など。

「たなか酒店」明石市本町1―1―13　078―912―2218
「たなか酒店」は、明石・魚の棚商店街にある発酵醸造食品の販売店。蔵元から直接仕入れる日本各地の日本酒、ワイン、焼酎、その他酒類と醤油（明石魚醤）・酢・味噌などの発酵食品を販売する。「『人』が『食』と『呑』を楽しめる食文化を伝えていきたい」という。

以下は、取扱いのある日本酒（地酒）の一例。
兵庫県の酒では、地元明石の「来楽」、加古川の「金鵄盛典」、姫路の「雪彦山」「播州一献」、加西の「富久錦・純青」、朝来の「竹泉」、灘の「仙介」など。
地方の酒では、「雪の茅舎」「まんさくの花」（秋田県）、「久保田」「八海山」「鶴齢」（新潟県）、「山法師」（山形県）、「にいだしぜんしゅ」（福島県）、「太平海」（茨城県）、「水芭蕉」（群馬県）、「惣誉」（栃木県）、「鏡山」（埼玉県）、「日一」（山梨県）、「大信州」「MIYASAKA」（長野県）、「菊姫」（石川県）、「梵」「早瀬浦」（福井県）、「開運」「喜久酔」（静岡県）、「作」「酒屋八兵衛」（三重県）、「風の森」「大倉」「花巴」（奈良県）、「車坂」（和歌山県）、「玉川」「澤屋まつもと」（京都府）、「千代むすび」（鳥取県）、「天寶一」（広島県）、「獺祭」（山口県）など。

中でも「大信州」は格別。「ひとごこち」「金紋錦」（長野県産米）と北アルプスの天然水で造られる。商品は随時入れ替わる。華やかな香り、軽快さ、旨みが絶妙の「天恵の美酒」。「たなか酒店」の横の狭い通路を通り抜けると、酒呑みにはたまらない光景が広がる。「たなか酒店」が営む「**立呑み　たなか**」。店内には、旨い酒と料理を求めて集う客で賑わう。日本各地の居酒屋を訪ね、「よい人・よい酒・よい肴」と出会い、多数の著作を発表している「居酒屋探訪家」の太田和彦さんは言った。

「『立呑み　たなか』は、間違いなく日本一の立呑屋です！」

田中酒店3代目のご主人曰く、「あるとき亡くなった親父の『言葉』が降りてきた」。その「言葉」が、店の入口に掲げられた大きな板の上に刻まれている。

皆が笑える処がいい
皆が美味しい酒を呑めばいい
皆が美味しい魚を食せばいい
皆が疲れた体を癒せばいい
皆が楽しめるようになればいい

そんな細やかな処になればいい

お酒と食べることが大好きなヒトが吸い込まれる空間
日本一、食いしん坊なスタッフ達が集まる店
日々入れ替わる「酒」
日々入れ替わる「食」
日々入れ替わる「人」
自然のめぐりあわせをお楽しみに（「立呑み　たなか」のホームページから）。

「立呑み　たなか」の盛況は、私が「酒の師匠」と崇《あが》める女将の田中裕子さんの存在が大きい。

女将は、酒の香味を正確に味分け嗅ぎ分けられる人、それを的確な言葉で表現できる人、酒呑みが求めている酒を探し薦められる人、さらに、料理との的確なマリアージュ（同調・相乗・洗い流す）を提案できる人、しかも酒と相性の良い料理を「作れる」人。

女将のモットーは、「楽しい、うれしい、おもしろい！　自分も楽しむ！」こと。

これまでには多くの苦労があったのだろう。しかし、女将は「天職」と出会い、今その「天職」を極めつつあるように見受ける。田中さんは、近くにある「まある笑店《しょうてん》」の女将としても

奮闘中だ。

2023年（令和5年）10月、女将が本を出した。『日本一の角打ち！　明石・魚の棚商店街「たなか屋」の絶品つまみ』（誠文堂新光社）。以下は、ここに掲載されている「立呑み　たなか」の人気つまみベスト10。無論、酒とのマリアージュ付き。そのラインナップは、「すじこん」「ポテトサラダ」「鶏白レバーのマスタードクリーム煮」「鶏もつみそ煮」「季節の南蛮漬け」「〆さば、〆いわし」「やみつきセロリ」「季節のぬか漬け」「自家製オイルサーディン」「アナゴ煮」である。

「**山中酒の店　エキマルシェ大阪**」大阪市北区梅田3―1―1　06―6348―3955

2022年（令和4年）7月にオープンした「山中酒の店　エキマルシェ大阪」。食材から総菜、飲食店など全52店舗の「食のバラエティーパーク」であるJR大阪駅の駅ナカ商業施設「エキマルシェ大阪」の中にある地酒専門店。全国100蔵以上の地酒がそろう「山中酒の店」（大阪市浪速区大国町）は、その本店にあたる。

「山中酒の店　エキマルシェ大阪」は日本酒バー。常時66種類の日本酒が置かれている。セルフスタイルのＳＡＫＥサーバーでテイスティングができる。日本酒は、季節ごと、月ごとに入れ替わる。「呑み」メインでもよいし、「食中酒」として相性のよい料理（店内で販売）と一緒に呑むのも楽しい。日本酒は、フレッシュで端麗なモノから、古酒と言われる濃厚なモノまで、様々なタイプがそろう。スタンディングのカウンターやテーブル席もあるので、ゆっくり試飲してお気に入りの地酒を見付けることができる。日本酒は、店内で注文して呑むことができるし、セルフスタイルのＳＡＫＥサーバー自販機で呑むこともできる。

セルフスタイルのＳＡＫＥサーバーで呑む場合は、店内で自販機用のコインを購入する。１０００円でコイン５枚（１枚２５０円、３枚６０００円）。日本酒の詳細な説明書きを読みながら、好みのタイプの日本酒を探索する。銘柄を選んだら、小さいカップをセットする。コインを１枚挿入してボタンを押す。好みの冷酒が注がれる。地酒好きには、ワクワク感あふれる瞬間だ。試飲の結果、気に入った日本酒（四合瓶）があれば、店頭で購入することができる。

「百聞は一見（一飲）にしかず」

ある日の夜、「山中酒の店　エキマルシェ大阪」に寄った。

ＳＡＫＥサーバーの中の地酒が呑みたくなり、１０００円でコイン５枚を購入しようとした。

千円札をレジの横にあった金属の板（に見えた）の上に置いた。と、どうしたことか、千円札は金属の板（に見えた）の中に吸い込まれるように沈んでいった。あっという間のできごとだった。実は、金属の板（に見えたの）は、既に湯が入った「湯煎器」だった。私は眼が悪い。おまけに少々酔っていた。

「あぁ……、千円札が『しゃぶしゃぶ』になるぅ……」

店員さんは一瞬慌てた。が、「しゃぶしゃぶ」状態になった千円札をゆっくりと丁寧に引き上げて、無事に回収。コイン5枚と交換してくれた。深謝！

「タイヘンオサワガセシテシマイ　マコトニモウシワケゴザイマセン」

6、作家、村上春樹さんのこと―旨い酒は旅をしない

作家、村上春樹さんの著書に『もし僕らのことばがウィスキーであったなら』という短編の紀行文がある。スコットランドのアイラ島にある蒸溜所、アイルランドのパブを訪れたときの様子を美しいカラー写真と一緒に紹介したもので、興味深い著作である（新潮文庫）。

私は、村上作品の中で、本書が一番好きだ。スコットランドのアイラ島でシングル・モルト

の聖地を巡礼して街のパブでグラスを傾け、アイルランドのパブでは、ゆっくりと過ぎていく時間《とき》に癒されながら、アイリッシュ・ウイスキーを堪能したい気分に浸った。「旨い酒は旅をしない」らしい。ぜひとも現地で味わいたいものだ。

　会社を辞めた後、村上作品をまとめて読んだ。29歳のデビュー作『風の歌を聴け』から。『羊をめぐる冒険』『ノルウェイの森』『ねじまき鳥クロニクル』『海辺のカフカ』『1Q84』『騎士団長殺し』『色彩を持たない多崎つくると、彼の巡礼の年』、新作『街とその不確かな壁』のような中・長編小説。『国境の南、太陽の西』『アフターダーク』『神の子どもたちはみな踊る』『東京奇譚集』『一人称単数』『走ることについて語るときに僕の語ること』『職業としての小説家』『女のいない男たち』（ドライブ・マイ・カーを含む）のような短編小説・エッセイ集。そして、紀行文『辺境・近境』『もし僕らのことばがウィスキーであったなら』。

　長編小説の中では、『1Q84』がおもしろく読めた。最後に「天吾」と結ばれる「青豆」という女性は、昨今問題となっている宗教二世だった。『1Q84』では、「月がひとつ」の現実世界と、「月が2つ」あるもうひとつの世界との対比・往復がある。

　最近になって、「火星には2つの月があること」を知った。フォブスとダイモス。いずれもギリシャ神話に登場するマルス（火星）の双子の息子の名前から命名された。ヴィーナスとの間に生まれた子供達。ちなみに「火星の夕焼けは青い」らしい。

村上春樹さんの小説の何がよいのだろうか。古くからの「村上主義者」（村上春樹さんは、「ハルキスト」と呼ばれることを好まないらしい）のひとりは言う。

「村上春樹の美点は、世界文学の作家として正当派であり、かつ大柄であることだ。彼は過去の巨匠の作品を熟読し、参照し、そこに課題を見出した上で、自分の頭で考えた回答をガツンとぶつけていく。つまり伝統を踏まえた上で、なおかつ独自のオリジナリティを持っている。その姿勢はじつに堂々としたものだ。たとえば『世界の終りとハードボイルド・ワンダーランド』という作品では、村上はヘミングウェイの『日はまた昇る』や『武器よさらば』における主人公の、自己の感情を封じる姿勢に課題を見出し、その硬直性を解くためになにをするべきかを模索している。村上は本作において、不完全ではあるものの自分なりの回答と結論をきっちり出している。

あるいは『かえるくん、東京を救う』や『1Q84』においては、村上はフランツ・カフカの作品を参照し、カフカの提唱した問題を解こうとしている。その狙いはとても上手く行っているように見える。彼は『かえるくん、東京を救う』では『変身』を、『1Q84』では『城』を参照し、それらの中心にある問題を正しく解いている。」
（リクトー氏ブログ『コスタリカ３０７』「村上春樹の小説のどこがいいのかと聞かれたら」より）

ごく最近になって村上春樹さんの作品を読み始めた私には、まだ理解できないことが多い。

村上春樹さんは高校の先輩に当たる。卒業後は上京して、早稲田大学（文学部映画演劇科）に進んだ。異なる世界の人。ただ、高校卒業後、同じく上京した。氏の小説の中に出てくる土地や人物の描写には、どこか親しみと懐かしさを感じる。

触れていた自然、見ていた景色……六甲山系、そこから流れる川、瀬戸内海（大阪湾）、神戸・芦屋・西宮の街角、歩いていた道、通っていた料理店（「ピノッキオ」など）。出会った人々、交わした言葉、吸った空気、飲んだ水……。それらには、共通するものがあるのだろう。親しみや懐かしさを感じるのも、不思議ではないのかも知れない。

『もし僕らのことばがウィスキーであったなら』というのは、なかなか魅力的なタイトルだ。実にスマートでセンスもよい。

私も真似して言ってみた。

「もし僕らのことばが日本酒であったなら」というのでは、どうもイメージが湧いてこない。

「もし僕らのことばが地酒であったなら」では、楽しい「方言集」ができそうだ。

「もし僕らのことばが純米大吟醸《じゅんまいだいぎんじょう》・無濾過《むろか》・生原酒《なまげんしゅ》・滓《おり》がらみであったなら」

もうそろそろやめた方がよさそうだ。スコッチも日本酒（地酒）も好きなんだがなぁ……。

7、立川談志さんと落語論・笑い・酒――人間の業《ごう》の肯定とその先

日曜日の夕刻、17時30分から日本テレビ系で放映される人気番組『笑点』。１９６６（昭和41）年のスタートから今年で59年。２０２４（令和６）年10月13日現在、放送回数が２９３０回を数える「超」のつく長寿番組である。桂宮治さん（落語芸術協会）や春風亭一之輔さん（落語協会）の加入でメンバーの平均年齢も下がって勢いが戻り、番組人気も回復した。２０２４年３月、「大喜利」を54年間務めた林家木久扇さんが勇退した。86歳になる木久扇さんは、司会者５人を見送った。後任に立川晴の輔さん（立川流）が加入。立川晴の輔さんの誕生日11月21日は立川談志さんの命日。『笑点』を企画した落語家で（本格的な）初代司会者が、実は２０１１（平成23）年11月21日に鬼籍に入った七代目・立川談志さん、その人である。

ある書籍の中で、談志さんと劇作家の三谷幸喜さんが、興味深い対談をしていた。三谷さんの、「笑い」とは何かということについての質問に、談志さんは、緊張を解いた時に出る「はひふへほ」という音ではないか、と答えていた。

何らかの生業《なりわい》に一生懸命になる。疲れる。こころが渇《かわ》く。緊張感を断ち切りたい。緩めるひととき、気を抜く瞬間の「は行」が笑いのようだ。「は行」は、「は・ひ・ふ・へ・ほ」。人は、笑う。「は・は・は」「ひ・ひ・ひ」「ふ・ふ・ふ」「へ・へ・へ」「ほ・ほ・ほ」。どういう訳か笑いは「は行」だ。

落語には、どうしようもないヤツ、飲んだくれ、それでもどこか憎めないヤツが登場する。「親子酒」「芝浜」「寄り合い酒」「居酒屋」「粗忽《そこつ》長屋（主観長屋）」「禁酒番屋」など、落語には、酒に関係するネタが多い。談志さんは、笑いは〝余剰エネルギーの放出〟とも言っていたが、解放された自身の姿を彼らの中に投影し、「余剰エネルギー」を「は行」で放出しているのだろうか。

談志さんは、「**落語とは、人間の業《ごう》の肯定を前提とした一人芸である**」と定義する。

「世間で是とされている親孝行だの勤勉だの夫婦仲良くだの、努力すれば報われるだのっててものは嘘《うそ》じゃないか、そういった世間の通念の嘘を落語の登場人物たちは知っているんじゃないか。人間は弱いもので、働きたくないし、酒呑んで寝ていたいし、勉強しろったってやりたくなければやらない、むしゃくしゃしたら親も蹴飛《けと》ばしたい、努力したって無駄なものは無駄——所詮《しょせん》そういうものじゃないのか、そういう弱い人間の業を落語は肯定してくれているのではないか」と言う。(『人生、成り行き—談志一代記—』新潮社)

立川流で、有能な弟子が育つ。名実ともに立川流を支える初の真打ち、立川志の輔。志の輔さんの次の世代では、立川談春、立川志らくがおもしろい。

談志原理主義者、談志イズムの後継者を自負する志らくさん。テレビ番組での露出も多い。『立川流鎖国論』を文庫化した『志らくの言いたい放題』(PHP文庫)の中で、談志さんの価値観、落語の本質をわかりやすく説明している。

「人間は弱いもの。これを認めるのが落語である。映画や芝居は、業の克服。がんばれば成功するという夢をうたっている。しかし現実は駄目なやつはどこまでいっても駄目だし、努力よりも、運や才能が勝ってしまうのが世の中というものだ。落語は、駄目なヤツを駄目と切り捨てるのではなく、かといってほめたたえるわけでもなく、これが人間なんだよねと認めてしまう芸能が落語なのだ」

「ほかの芸能が見過ごした屁《へ》のようにくだらないものに命懸けで挑み、その屁で客の魂をわしづかみにする稼業。ほかの芸能では表現しない、できない、屁みたいにくだらないものに己の哲学を入れ、テクニックを駆使し、何十年もかけて作り上げる。それが落語というものなんだ。そのさまが世間からすると狂気に見えるから、落語家には狂気が必要になってくるのだと思う。狂気がある落語家は、落語の本質を理解している」と言う。

談春さんは、17歳で談志さんに入門した。笑って泣いて胸に染みる破天荒な名エッセイ『赤めだか』（扶桑社）は絶品の青春記。『下町ロケット』『どうする家康』などで、俳優としても活躍する。２０２２年（令和４年）の夏、兵庫県立芸術文化センターで談春さんの落語を鑑賞した。演目は『猫定《ねこさだ》』『人情八百屋』。風格が出てきた。粋で雅《みやび》のある噺家だ。

談志さんが、世間を騒がせた有名な「事件」がある。

１９７５年12月、談志さんは、三木武夫内閣の沖縄開発庁政務次官に就任。翌年１月に海洋博視察を兼ねて沖縄を訪問した。沖縄には、趣味のスキューバダイビング仲間が大勢いた。彼らは、歓迎会を開いてくれた。談志さんは酩酊《めいてい》したあげく、翌日の記者会見に二日酔いで出席する。怒った記者たちは意地悪な質問に終始し、談志さんをイラつかせた。

「あなたは公務と酒のどっちを取るんですか」という記者の愚問に、談志さんは応えた。

「酒に決まってるだろ」

会場内が騒然としたらしい。会見は打ち切られ、翌日には、全国紙が一斉に朝刊で糾弾する論調の記事を書いた。閣内が揉めた結果、辞任に追い込まれる。この裁断に不満を抱いた談志さんは、自民党を離党して元の無所属に戻った。


『人生、成り行き—談志一代記—』（新潮文庫）の中で、立川流顧問で作家の吉川潮さんが語る。

談志さんが高座に上がると、満員の客席から割れんばかりの拍手が起こった。

『やっと最下位で当選して政務次官になったと思ったら、やられたーっ』

頭を抱えたらドカーンと受けた。

続いて、かばいもせずに辞任させた植木光教沖縄開発庁長官を批判した。

『あの莫迦、ただおかねェ。今度あいつの選挙区で共産党から出て落っことしてやる』

さらに大きな爆笑が起こった。

『おれはな、イデオロギーより恨みを優先させる人間だからな！』

客席をひっくり返すような笑いの渦だった。

談志さんは、「聞き手」の吉川潮さんに、「このとき、芸に開眼した」と語っている。

「ここで〈芸〉は、うまい／まずい、面白い／面白くない、などではなくて、その演者の人間性、パーソナリティ、存在をいかに出すかなんだと気がついた。少なくも、それが現代における芸、だと思ったんです。いや、現代と言わずとも、パーソナリティに作品は負けるんです」

「演者の人間性を、非常識な、不明確な、ワケのわからない部分まで含めて、丸ごとさらけ出すことこそが現代の芸かもしれませんナ」

２０１１年（平成23年）11月21日、鬼籍に入った不世出の天才落語家、立川談志。

『現代落語論』などの著書を読んだ。テレビやYouTubeで彼の落語を何度か見た。しかし、２００７年（平成19年）12月18日、よみうりホールでの『芝浜』をまだ聴いたことがない。

「芸の神がやらせてくれた最後の噺だったのかも知れない」と語るほどの迫真の『芝浜』。

実は、客席ではなく、舞台の袖《そで》にいた直弟子たちに向かって、「芸人なら芸で狂え」って叱っていたのだとか……。

こんなに「人間臭い」のはどうしてなのだろうと思うことがある。人ってここまで「人間臭く」なれるのだと感心する。ここに、今も人に愛され続ける理由があるのではないか。

そもそも、「人間臭さ」って、いったい何なのだろう。

人は、深奥にいろいろな矛盾を抱えて生きている。相反するものや、どうにもすっきりとしないモヤモヤを心の内に抱え込んで悶々として生きている。生身の人間ではないのか。聞き手は、ありのままの自分、ありたい自分、やめたい自分を、登場人物になり切った談志さんに「代弁」してもらっていたのだろうか。彼の姿に、多くの人が、複数の自分を重ね合わせて見ていたのだろうか。談志さんは、落語に登場する全ての人物、矛盾や心のモヤモヤを抱えた人物になり切り、「人間なんて、所詮そういうものなんだよ」って、語り続けていたのだろうか。登場人物に感情を注入し、人物に化体し、長い時間をかけて語り続けた結果、自分自身が、誰よりも「人間臭く」なってしまったのだろうか。

その後、談志さんの落語の重点が、「人間の業の肯定」から「**イリュージョン**」(**幻想**)に移っていったという。落語観・人間観・世界観が変化し、パーソナリティを前面に出す落語になっていったとされる。

「これまでは人間は業を克服するものだ、という通念が前提になっていたわけです。ところが時代が変わって、それまで非常識とされてきたものが通用するようになった。つまり親が気に入らなければ殴るのは当たり前、仕事したくないのも当然、子どもを放っておいてパチンコして殺しちゃうような時代になった。するといまや、それでも親孝行してしまい、それでも努力してしまうのが〈人間の業〉だということになりかねない。（中略）でも、落語が捉えるのは〈業の肯定〉だけではないんです。人間が本来持っている〈イリュージョン〉というものに気がついたんです。つまりフロイトの謂《い》う「エス」（本能的欲求・生理的衝動：筆者注）ですよね、言葉で説明できない、形をとらない、ワケのわからないものが人間の奥底にあって、これを表に出すと社会が成り立たないから〈常識〉というフィクションを拵《こしら》えてどうにか過ごしている。落語が人間を描くものである以上、そういう人間の不完全さまで踏み込んで演じるべきではないか、と思うようになった。ただ、不完全さを芸として出す、というのは実に難しいんですが……。〈イリュージョン〉こそが、人間の業の最たるものかもしれません。そこを描くことが、落語の基本、もっと言や、芸術の基本だと思うようになった。」（『人生、成り行き―談志一代記―』）

「文藝」を中心に広いジャンルの本を読み、童謡・唱歌・歌謡曲を聞き、映画（ミュージカル・コメディー）、演劇、芝居、歌舞伎、能・狂言のような伝統芸能など、あらゆるものを学び、その固有名詞を驚異の記憶力で再現する立川談志さん。作家の村上春樹さんが、「**視覚的記憶と表現力の天才**」（一度見ただけの光景を写真のように脳裏に刻み込んで、豊かな語彙に置き換えることができる）だとすれば、一度聞いただけで「落語」を会得し、多くの新しいモノを企画・発案してきた立川談志さんは、「**聴覚的記憶と発想力の天才**」だったのではなかろうか。それも好きなモノは好き。嫌いなモノは嫌い。それらを自分流にアレンジ・料理して、世相を斬る。斬り口は、実にシャープで、危なっかしくて、おもしろい。彼は言った。
「結婚は判断力の欠如、離婚は忍耐力の欠如、再婚は記憶力の欠如である」

ところで、当否は不明だが、人の抱える「矛盾」、談志さんが心のどこかでバランスしていたのではないかと思われる「矛盾」を、私なりに挙げてみた。
「創造と破壊」「知性と感性」「英知と悪知」「素直と強情」「謙虚と傲慢」「愚直と狡猾」「理性と本能」「論理と情緒」「勤勉と怠惰」「美徳と悪徳」「義理と人情」「本音と建前」「利他と利己」「粋と無骨」「厚情と薄情」「慈悲と邪険」「温厚と冷酷」などなど。

人間って、それなりに何かよいものを持っている。が、どうしようもない愚かさもまた、兼ね備えているのが人間。だから「人間みんなちょぼちょぼや」（前述の小田実さんの言）。

好き嫌いが明確な人。厳しくて優しい人。とてつもなく太い筋金が1本入っている人。どうしようもないくらいに優しく、落語を愛し、人を愛した人。

7代目・立川談志さん。癖は強いが、あまりにも真っ当すぎる人間だったのではなかろうか。

ある日のこと、私は夢の中で、談志さんと対談していた。私にも「夢を見る自由」がある。

酒田「師匠にどうしても訊きたかった大切な問題があります。人は生きるために酒を呑むのですか。酒を呑むために生きているのでしょうか」

談志さん「酒を呑むために生きているに決まってるだろ、とはならないんだなぁ、これが。どちらも正しい。いわば二元二次の連立方程式を解くようなものなんだ。果たして、お前さんに理解できるかどうかはわからんが……。いや、そんなことより、よお！　さかた　さけだ」

エピローグ　少し長めの落書き

「よお！　さかた　さけだ」という呼びかけは、エピローグを含め本書の中に3回登場する。「よお！」は、「よお！」でなければならなかった。「おお！」「おい！」「ほれ！」ではない。「さあ！」「なあ！」「まあ！」でもない。「よお！」は、「よお！」以外にはあり得なかった。理由は……説明不能。それでも「よお！」にこだわった。

「酒五訓」（第Ⅰ章）では、長い「酒の旅」から得られた教訓を5つに取りまとめてみた。それぞれの教訓に関連する自身の体験を、おもしろく楽しく、どこか心に残る内容にしてみたいと思った。これまでの「酒の長旅」をふりかえった。失敗談の寄せ集めのような気もする。それでも、どこかに気分をほぐして頂けるようなところがあれば、望外の幸せである。

「こぼれ話」（第Ⅱ章）では、かなり真面目に日本酒（地酒）についての思いを綴ってみた。「日本酒の新しい潮流」「清酒製造免許・新規発行の高くて厚い壁」「辛口酒の意味」などについては、かなり内容を掘り下げた。中でも、「清酒製造免許・新規発行の高くて厚い壁」では、日本酒業界の実情・将来展望にかかわる重要なテーマだけに、かなり力が入った。

ところで、私自身の昭和の約30年間（1958～1988年）は、失敗と挫折だらけの人生だった。新卒無業の10年間（司法浪人のため）は、世間の常識からすれば「異常」な人生だろう。風当たりも強かった。1990年（平成2年）夏、正式に就職した。自身の挫折・世間の偏見（その当時の認識）と必死に闘い、10年間のブランクを埋めるべく懸命に働き続けた。

平成の約30年間（1989～2019年）、特に直属上司が病で急逝した2004年以降の約15年間は、会社の休日にもかかわらず、完全に休業した日の記憶は薄い。その間、随分と酒に救われ、助けられた。2020年12月、就職してから30年の歳月が流れ会社を去る頃、「異常」な人生からようやく解放され、普通で人並みの「正常」な人生に帰還することができたような気にもなった。

2018年に定年を迎え、2020年末で会社を去った。完全に組織を離れることになった。遂にその時期が来た。今後のことを考えた。これから具体的に何をするのか。1日の大半を費やしている仕事から離れると、随分と1日は長い。

「62・5歳の誓い」を立てた。

「好きなことだけをする。嫌なことはしない。人の付き合いも同じ。好き勝手に生きてやる」

改めて、考えてみた。「好きなことって……何だろう?」。簡単なようで意外と難しい。

好きなことが明確な人はいる。ゴルフが好き、釣りが好き、旅行が好き、絵を描くのが好き、写真を撮るのが好き、楽器を演奏するのが好き、舞台で踊るのが好き、陶芸作品を作るのが好き、映画を観るのが好き、山登りが好き、料理を作るのが好き、外国語を話すのが好き、ペットの世話をするのが好き、ゲームをするのが好き、競馬・競輪・競艇が好き……。

中には、好きなこと(趣味)が仕事につながる人もいる。


しかし、好きなことがそれほど明確でない人は、どうすればよいのだろうか。

あるとき、ふと思った。

「人は、好きなことに出会ったとき、どのような反応を示し、どんな状況になるのだろう」


ひとつの答えらしきものが浮かんだ。

「特別に意識はしないのに、いつの間にか始めている」

「始めることが苦にならない。垣根が低い」

「どういうわけか、時間を忘れて取り組んでいる」

「気が付くと、(極端な話)食事をとるのも忘れて、それにはまり込んでいる」

「構えずに始められて、熱中・没頭し、続けることが何ら苦にならない」

このような反応や状況を示すものが、好きなことの「定義」（消極的定義）ではなかろうか。

但し、ここに2つの要素があることに気付いた。

ひとつは、「苦痛なく『始められる』こと」。

もうひとつが、「飽きることなく、退屈しないで『長く続けられる』こと」。

苦痛なく「始められる」ためには、何よりも自分が「楽しいこと」でなければならない。嫌なこと、嫌いなことを、わざわざ還暦をすぎてからやりたくもない。

好きになるきっかけは何でもよい。しかし、自分が本当に楽しいことでなければならない。人の勧めは参考程度にとどめる。時代の流行りやブームでもない。世間体や見栄でもない。自分が心底ワクワク、ドキドキすること。自身が時間と空間を忘れて没頭できそうなこと。

しかし、「楽しい（だけの）こと」はすぐに飽きる。「楽しいこと」の大半は実に刹那的《せつなてき》だ。飽きることなく、退屈しないで「長く続けよう」とするならば、一時的にせよ「楽しいこと」に何らかの「苦痛」を伴うことが必要ではないかと考えるようになった。少ししんどい方がおもしろい。しんどいけれど好きなことなので、何とか達成してやろうとついつい力が入る。達成すると、なんだかとても気分がよい。しんどい分だけ楽しい。瞬間的な幸福感。

もちろん、「苦痛」からは必ず解放されなければならない。そうでなければ、単なる苦行に過ぎず、「楽しいこと」になることはない。また、「苦痛」を耐え忍ぶためには、それなりの我慢と、対象自体に耐えられるだけの魅力のあることが求められるだろう。

「楽しいこと」を始める。さらに「楽しいこと」にするためには、「苦痛」を覚悟する。例えば、我慢のゴルフがある。期待の釣果が得られるまでに耐える時間がある。山の頂上が近付くにつれて、徐々に足腰が軋《きし》んで痛みが走る。

しかし、我慢のゴルフで自身のベスト・スコアを更新する。期待以上の釣果で、満杯になった釣りバケツが重い。登り切った山頂から見える景色で、それまでの疲労感が一気に吹き飛ぶ。

「苦痛」から解き放たれたときの解放感が、「楽しいこと」を、よりいっそう「楽しいこと」にしてくれるような気がする。「始めた」「楽しいこと」は、「苦痛」と解放感とをセットにすることで、「長く続けられる」「楽しいこと」になっていくのではないだろうか。それが、すなわち「好きなこと」と同義なのではないかという気がする。

自身のことについて、改めて考えてみた。苦痛なく「始められる」ことは何だろう。飽きることなく、退屈しないで「長く続けられる」ことって何なのか。

「酒を呑むこと」「旅に出ること」が好きだ。「読むこと」や「書くこと」も嫌いではない。

これらの中で、「書くこと」は異質で、かなり「苦痛」をともなうことが多い。ところが、不思議なことに、ある日「書くこと」自体にあまり抵抗がなくなっていること、また、「苦痛」を感じつつも、「書くこと」に熱中・没頭している自分に気付いた。

それは、世界中の人々から行動の自由を奪ったコロナ禍とも、決して無関係ではなかった。

先述の通り、2020年12月末日で私は会社を離れた。2018年に会社定年を迎える前頃から、ひとつの思いがあった。

「長年関わってきた人事・労務の経験を開示することで、組織の中で働いているすべての人、転職を考えている若い世代の人たちに、何か『幸せ』を運ぶヒントにしてもらえそうなことがあるかも知れない」

翌2021年には、30年近く務めた会社での人事・労務の経験を1冊の本にまとめ上げた。コロナ禍で、呑みにも行けず、旅にも出られず、幸いにも執筆活動に集中することができた。

2022年3月、『組織の中で幸せな働き手として生きていくための方法』（アメージング出版）を上梓することができた。働き手（特に若い世代）への「応援歌」のようなものを書きたいという強い思いがあった。

確かに、1冊の本になるまでに、根気と忍耐力が求められた。かなりの「苦痛」を感じた。何度も「もう止めようか……」と思うこともあった。しかし、未熟ながらも自身の思いを1冊の本に仕上げ、出版にまで至った経験は、何とも言えない解放感をもたらしてくれた。出版直後は脱力感で何もできず、また執筆の不備を発見しては愕然としたりもした。それでも、執筆活動・出版が、ひとつの貴重な経験となったことは間違いないだろう。

ところで、組織を去り、ビジネスからも離れた。これから何を「書くこと」にしようか。もう一度、自身の「好きなこと」に立ち返った。「酒を呑むこと」と「旅に出ること」。当面は、「酒」と「旅」を素材として、「書くこと」にしようと考えた。

そもそも、どうして「酒を呑むこと」を書くことにしたのか。

「好きなこと」に加えて、「酒への恩返し」の思いは強い。学生時代は、自身の努力が思うような結果に結びつかない時代が長く続いた。社会に出てからは、求められる仕事のレベルが一気に高まり、ストレスに押しつぶされそうになった頃もあった。精神的な負荷が日増しに強まり、心の健康状態が危うくなっていたときもあった。しかし、どんなときも隣に「酒」が居た。随分と「酒」に救われ助けられた。自棄酒《やけざけ》を呷《あお》ることもあったが、己《おのれ》の愚かさを自覚してからは、「酒に失礼」な呑み方をやめた。

また、日本酒（地酒）に関係する動向や問題点への関心が共有され、少しでも日本酒業界の発展に寄与するところがあればという思いから、「こぼれ話」（第Ⅱ章）として、今日的で重要なテーマをいくつか取り上げてみた。根底には、若い蔵人たちへの「応援歌」が流れる。

かくして、『よお！　さかた　さけだ　―酒五訓とこぼれ話―』は生まれた。

もうひとつ、「旅に出ること」を書くことにしたのは、どうしてなのか。

自然の恵みに触れる。山・海・川・湖・空・森・田畑を眺める。花を愛でる。風の音・野鳥のさえずりに耳を澄ます。陽を浴びる。深呼吸する。国内の旅なら地方の神社仏閣・城跡・酒蔵・温泉を訪れる。歴史を回顧する。地の人と見《まみ》える。地の食材・地酒を楽しむ。

人には「日常」の生活がある。旅に出る。旅の景色を自分の心の中に写す。「非日常」的な旅の景色を自分の「日常」の意識に投影する。但し、旅という「非日常」は自分の「日常」と隣接している。「日常」と「非日常」は、すき間はあってもつながっている。お互いに行ったり来たりできる。だからこそ、旅に出ることで人は何かに気付く。目覚める。発見する。旅は人に何らかの意識の変化をもたらし、人の考え方や行動まで変えていくことがある。「非日常」との間を往復することで、いま生きている「日常」をよりよく生きていくためのヒントが見つかるかも知れない。

探していた幸せが、実は何気ない平凡な「日常」の中にあることを知り得るきっかけになるかも知れない。

会社・組織を離れたことで、旅に出る時間が与えられた。旅に出て、旅先の景色を自身の心の中に投影する。そこにある内面の意識の変化を「書くこと」にしたいと思った。

それでは、酒を呑むことや旅に出ることを「書くこと」にしたのはどうしてなのか。

ただ「酒を呑む」、ただ「旅に出る」だけで、それなりの楽しみがある。解放の喜びはあるとしても、あえて「書くこと」で「苦痛」を味わうまでもないのではないか。「書くこと」はあまり楽ではない。それでも書くのは嫌いでないから、というのがひとつの理由ではある。

思うに、酒を呑むことや旅に出ることは、「書くこと」のひとつの素材・対象に過ぎない。素材は変化し、対象は移ろう。「書くこと」には、もうひとつ重要な問題が潜《ひそ》んでいる。

「書くこと」の動機・目的が問われることがある。「書いたもの」が印刷されて出版される場合は、必ずこの問題に直面する。

「どのような読者を想定しているのか」「その読者に何を伝えたいのか」という問題である。

前著では、組織の中で働いているすべての人、特に転職を考えている若い世代の人たちに向けた「応援歌」を書きたいと思った。

今回は、日本酒（地酒）に関わるすべての人（日本酒ファンを含む）を広く想定している。

そして、日本酒造りに情熱を傾ける全国各地の蔵人の皆さんを心から応援したいという熱い思いが、本書の重要な底流をなしている。

「自身についての『書くこと』の意味」や「ありたい自分」を改めて考えてみた。

言葉の世界の住人になりたい。言葉の世界で生きていきたい。

そのためには、もう少し上手な「言葉つかい」にならなければならないと思った。

それは「猛獣つかい」「魔法つかい」「人形つかい」などと同じようなもの。適切な言葉を使うことができれば、事象の解像度を上げていくことができるかも知れない。

蚕《かいこ》の幼虫が、1枚また1枚と桑の葉を食《は》むように、コツコツと書き続けることで上達できる余地が残っていると信じたい。「筆が柔らかくなった！」と言われる日がくることを信じて、書き続けることにしよう。

「書き続けること」で、「書くこと」が「生きること」「人生そのもの」に近付いていくような気がしている。人生の中で、「解決しないことには前に進めない問題」に直面することがある。「書くこと」「書き続けること」が、問題の解決にひとつの答えを引き出し、前に進む力を与えてくれる場合がある。「書くこと」でしか解決できない問題もある。「書くこと」でしか前に進めないこともある。

執筆中に「酒の神様」から宴席の誘いが届いた。

「よお！　さかた　さけだ」

京都府嵐山にある松尾大社。酒・醸造の神様として、全国の酒造会社の崇敬《すうけい》を集める。

昨夜《ゆうべ》は、遅くまで「酒の女神様」と呑みすぎた。

原稿の締切日も近い。日を改めることにしよう。

「カミサマ　アイニク　ワタクシ　ホンジツハ　キュウカンビデ　ゴザイマス」


最後に、本書の完成に携わった全ての方々に感謝の気持ちを申し述べたい。

文芸社の皆さんからは、無名の作者にも書籍化のチャンスを提供しようとされている貴社の基本方針を、よく理解することができた。地方での出版相談会も、その一環かも知れない。神戸での相談会でお世話になった出版企画部の岩田勇人さん。ペーパーレスの時代の中で、紙媒体の書籍を大切にする文化の重要性を改めて認識させられた。

執筆者に真摯に寄り添い、「1冊の本にする」という思いを最後まで共有してくださった出版企画部の川邊朋代さん。作品を深く読解して書籍化への問題点を具体的に指摘してくださった「作品講評」は、執筆の迷いを払拭して作品完成への道筋を明確にしてくれた。

原稿の校正を通じて、多くの気付きや学びの機会をくださった編集部の高島三千子さん。編集のプロとしての矜持、安易な妥協を許さない峻厳さを見た。正しい日本語、重複や欠落のない日本語、平易で的確な日本語の表現がある。改めて日本語の美しさと難しさを知った。また、作品中の歌詞の引用や表紙「陽気な酒飲み」（オランダ絵画のフランス・ハルス作）の引用については、著作権に関わる問題をクリアにしてくれた。

全ての原稿は、fabbit での執筆活動から生まれた。これまで、快適な執筆環境を整備・提供してくださった fabbit 神戸三宮のスタッフの皆さん。

そして、本書を手に取り、最後まで読んでくださった読者の皆さん。

本当に有難うございました。

（2024年10月30日　fabbit 神戸三宮にて）

【参考図書・資料】

『養生訓』貝原益軒　中央公論新社
『古酒新酒』坂口謹一郎　講談社
『日本の酒』坂口謹一郎　岩波書店
『日本酒』秋山裕一　岩波新書
『酒の話』小泉武夫　講談社現代新書
『日本酒の科学』和田美代子　講談社
『純米酒を極める』上原　浩　光文社新書
『ものづくりの理想郷』山本典正　dZERO
『めざせ！　日本酒の達人―新時代の味と出会う―』山同敦子　ちくま新書
『日本酒ドラマチック―進化と熱狂の時代』山同敦子　講談社
『日本酒テイスティング』北原康行　日本経済新聞出版社
『なぜ酒豪は北と南に多いのか』小林　明　日本経済新聞出版社
『日本史がおもしろくなる日本酒の話』上杉孝久　サンマーク文庫
『日本酒を好きになる』サケラボトーキョー・甲斐勇樹　マイナビ出版

『新版　厳選　日本酒手帖』山本洋子　世界文化社
『酒呑みの自己弁護』山口　瞳　ちくま文庫
『酒《しゅ》にまじわれば』なぎら健壱　文春文庫
『みんな酒場で大きくなった』太田和彦　京阪神エルマガジン／河出書房新社
『酒は人の上に人を造らず』吉田　類　中央公論新社
『日本酒Complete』枻《えい》出版社
『日本の美しい酒蔵』木下光、東野友信、前谷吉伸　エクスナレッジ
『新政酒造の流儀』監修・馬渕信彦　三才ブックス
『故事ことわざ・慣用句辞典』三省堂第二版
『立川談志　落語の革命家』ＫＡＷＡＤＥ夢ムック　河出書房新社
『人生、成り行き　談志一代記』立川談志著　吉川潮聞き手　新潮社

dancyu　２０２２年３月号　日本酒　プレジデント社
dancyu　２０２３年３月号　日本酒　プレジデント社
dancyu　２０２４年３月号　日本酒　プレジデント社

菊正宗酒造　日本酒の楽しみ方　https://www.kikumasamune.co.jp/school/enjoy/index.html

日刊スポーツｗｅｂニュース２０２３年3月11日　ＷＢＣ　甲斐拓也選手のコメント
https://www.nikkansports.com/baseball/samurai/wbc2023/news/202303110001533.html

日刊スポーツｗｅｂニュース２０２３年3月21日　ＷＢＣ　ダルビッシュ有選手のコメント
https://www.nikkansports.com/baseball/samurai/wbc2023/news/202303210000131.html

日刊スポーツｗｅｂニュース２０２３年3月22日　ＷＢＣ　大谷翔平選手のコメント
https://www.nikkansports.com/baseball/samurai/wbc2023/news/202303220000200.html

Yahoo!ニュース「60年以上新規参入を阻む壁を越えたい——秋田で新たな酒造りに挑む九州男児の挑戦」２０２２年4月30日
https://news.yahoo.co.jp/articles/c838ede5153046aede1511f84d0148fc2867bd27

SAKE Street「日本酒造りの新規免許獲得を目指す」２０２０年7月27日
https://sakestreet.com/ja/media/interview-with-shuhei-okazumi-2

SAKE Street「私の日本酒『辛口』論」　https://sakestreet.com/ja/media?tag=449104555432

SAKETIMES「精米すればするほど良い日本酒」は本当？——精米歩合という価値基準を変える新しい技術
https://jp.sake-times.com/special/chief-editor-report/sake_rice-polishing-ratio_satake

東大新聞オンライン　https://www.todaishimbun.org/
秋田市文化創造館「あこがれのひと」　https://akitacc.jp/article/akogare-001-aramasa/
稲とアガベ醸造所　https://inetoagave.com/
コスタリカ３０７「村上春樹の小説のどこがいいのかと聞かれたら」
https://riktoh.hatenablog.com/entry/haruki

著者プロフィール
酒田 十四代（さかた としよ）
1958年　兵庫県神戸市生まれ
神戸市立楠中学校（現　湊翔楠中学校）、兵庫県立神戸高等学校卒業
1981年　中央大学法学部卒業後、司法浪人を経て、兵庫県内信用金庫に勤務
外資系（英国）企業（化学品の製造・販売）に転職し、人事・総務部門で約30年間勤務
2020年　上記企業を退職
2021～2022年　神戸市内の日本酒（地酒）専門店でパート勤務
著作：『組織の中で幸せな働き手として生きて行くための方法―30年近い人事・労務の経験から見えたもの』（2022年３月）アメージング出版
日本酒関連：第17期　灘の酒大学　2015年（平成27年）３月卒業
好きなこと：地の食材（魚介／野菜／果実）・地酒をめぐる旅、山歩き、温泉、芸能鑑賞、スポーツ観戦

「よお！　さかた　さけだ」―酒五訓とこぼれ話―

2025年４月15日　初版第１刷発行

著　者　酒田 十四代
発行者　瓜谷 綱延
発行所　株式会社文芸社
〒160-0022　東京都新宿区新宿1－10－1
電話　03-5369-3060（代表）
03-5369-2299（販売）

印刷所　株式会社フクイン

ISBN978-4-286-26307-6　JASRAC 出2500076－501